大飞机出版工程

维修差错管理：
实用指南

Managing Maintenance Error:
A Practical Guide

【美】詹姆斯·里森（James Reason）
艾伦·霍布斯（Alan Hobbs）　著

郑弋源 等 译
侯慧卿 校

上海交通大学出版社
SHANGHAI JIAO TONG UNIVERSITY PRESS

内容提要

在许多行业中，安全性和可靠性已经通过以前由人类执行任务的自动化得到了提高。但是，维修行为并不是那么容易实现自动化的。有人说维护是导致故障的主要原因。本书的中心论点是，虽然不能完全消除维修差错的风险，但可以更有效地管理它。维修人员需要理解为什么会发生维修差错，以及如何控制出错的风险。本书的大多数案例研究都来自航空业。本书的目标读者是那些管理、监督或执行广泛行业维修活动的人，主要目标是提供一套基本维修差错的管理原则。

Managing Maintenance Error: A Practical Guide / James Reason, Alan Hobbs
Copyright@ 2003 by CRC Press.
Authorized translation from English language edition published by CRC Press, part of Taylor & Francis Group LLC; All rights reserve.
Copies of this book sold without a Taylor & Francis sticker on the cover are unauthorized and illegal.
本书中文简体翻译版授权由上海交通大学出版社独家出版并限在中国大陆地区销售。未经出版者书面许可，不得以任何方式复制或发行本书的任何部分。
上海市版权局著作权合同登记号：图字 09 - 2020 - 770

图书在版编目(CIP)数据

维修差错管理：实用指南 / （美）詹姆斯·里森
(James Reason)，（美）艾伦·霍布斯(Alan Hobbs)著；
郑弋源等译. —上海：上海交通大学出版社，2021
（大飞机出版工程）
ISBN 978 - 7 - 313 - 24998 - 2

Ⅰ. ①维… Ⅱ. ①詹… ②艾… ③郑… Ⅲ. ①飞机—
维修—指南 Ⅳ. ①V267 - 62

中国版本图书馆 CIP 数据核字(2021)第 099024 号

维修差错管理：实用指南
WEIXIU CHACUO GUANLI: SHIYONG ZHINAN

著　者：[美]詹姆斯·里森　艾伦·霍布斯		译　者：郑弋源 等	
出版发行：上海交通大学出版社		地　址：上海市番禺路 951 号	
邮政编码：200030		电　话：021 - 64071208	
印　制：上海盛通时代印刷有限公司		经　销：全国新华书店	
开　本：710 mm×1000 mm　1/16		印　张：12.5	
字　数：170 千字			
版　次：2021 年 6 月第 1 版		印　次：2021 年 6 月第 1 次印刷	
书　号：ISBN 978 - 7 - 313 - 24998 - 2			
定　价：108.00 元			

谨以此书献给美国国家运输安全委员会的约翰·戈利亚(John Goglia)

新加坡航空工程公司的周福林

国泰航空公司的迈克·英尼斯(Mike Innes)

S11 维修机务班组

前言

设想有一种现象,每年都会造成巨大的经济损失;更糟糕的是,还会在世界范围内造成人员伤亡。假设我们对这种危险知之甚少,但它却会导致飞机坠毁、医疗设备故障和关键技术系统在关键时刻失效等。在这种情况下,我们希望全世界共同努力,弄清这一问题并加以应对。

事实证明一直就有这样一种现象,但却很少被人关注,也很少成为热门话题。这就是我们要说的维修差错。人容易犯错并不奇怪,但令人苦恼的是,现代科技会扩大它的影响。比如,三百年前,钉一块马蹄铁时出现某个维修差错,其产生的后果最多会影响屈指可数的几个人。而现在,维修差错产生的影响甚广,造成的后果也比以往更严重,它会诱发关系到千百人生命的飞机事故或铁路事故,导致环境遭受长期破坏的原油泄漏以及化工厂和原子能行业潜在的灾难性事故。

在许多行业中,以前人工处理的工作被自动化操作取代,从而提高了安全性和可靠性,但维修工作不容易实现自动化。只要我们的技术还要依靠人手和大脑来维护,我们就会面对一个悖论:维修是诱发故障的重要(或说主要)原因。有两种与维修有关的风险会威胁系统的完整性:一种风险是有人未进行或未完成指定的维修任务,从而导致实际或潜在的故障,或者未发现故障迹象;另一种风险是维修人员引入了产生失效的因素,如果没有引入这些因素,根本就不会发生失效。

本书的编写宗旨在于:虽然不能完全避免维修差错,但是可以对维修差错进行更有效的管理。维修人员需要了解发生维修差错的原因,以及如何控制维修差错的风险。多数案例分析来自航空工业,但我们的着眼点在于维修工作中人的因素,而非维修中的特定设备。我们相信,本书对各类维修人员都具有实际的指导意义。

我们的目标读者是在各行业中从事维修工作管理、监督或执行的人员。我们的主要目的是提出一套基本原则,供读者在实际工作中应用。我们讨论了一系列差错管理方法,但本书并不是一份现成的、可用工具的综合清单,而是希望确立一种思维方式,读者可以用这个思维方式制订适合自身状况的、有效的改进措施。根据我们的经验，维修人员都是心灵手巧和适应能力很强的人，他们完全有能力找到适合自己的解决方法。没有一种最佳方法，大多数时候我们是在解决一些基本问题。

虽然我们两位作者都是人为因素方面的专家，但我们一直力图尽量避免使用心理学术语。我们曾花了大量时间来观察维修工厂的工作，并和维修人员（大都来自航空领域）交流，我们相信，对维修工作的本质以及维修工作的压力都有客观中肯的理解，但是我们也未能完全解决有些跨学科的意见分歧，对此深表歉意。

最后，我们对所有的维修人员，尤其是英国、美国、新加坡、澳大利亚的维修人员，表示由衷的感谢，感谢他们在访问期间对我们的热情接待，感谢他们花费大量宝贵的时间，奉献他们的专业技术知识，向我们解释各项复杂的技术工作。我们还要感谢从事人为因素研究的同事们，他们对原稿提供了许多宝贵意见。

目录

第 4 章　差错的类型 / 41

第 10 章　组织措施 / 139

第 11 章　安全文化 / 153

第 12 章　实现过程：差错管理的管理 / 167

第 1 章　维修工作中的人的行为问题

1.1　坏消息

如果让一个专业人士设计一项工作，要保证在工作过程中错误百出，那么他可能会提出这样一些条件：在一个阴暗、狭小的空间里，缺少必要工具，时间紧迫，无数的零部件，频繁地拆卸、更换，还可以有更多其他细节。此外，可以这样安排：让编写手册和程序的人（即使有，也不多），来现场实际执行该项工作。还可以这样安排：开始这项工作的人不必是最终完成的人。还可能有更混乱的安排：让好几个小组处理同一个设备的相同事项，或同时处理，或依次处理，或蜂拥而上。

维修工作涉及的人的行为问题远远超出合理比例。表 1.1 列出了 4 份事故调查报告的综合结果，其中 3 份与美国核电站有关，1 份与日本核电站有关[1]。从中可以看出，与维修有关的人的行为问题所占比例远高于其他工作中的人的行为问题所占比例。调查报告中有 3 份都表明，在所有潜在的严重事故中，一半以上的问题根源在于维修差错。其他重视安全的行业尚未得到可对比的数据，但事实上，所有与维修有关的工作都有很多类似之处，这个比例与在核电站观察到的数据不会有很大出入。

在众多技术领域中，维修差错是引起多起重大事故的主要原因。案例如下：

表 1.1　核电站事故中工作活动与人的行为问题的关系*

工 作 类 型	人的行为问题在工作类型中所占的比例/%
维修、校准、测试	42～65
核电站正常运行	8～30
不正常的、紧急情况下的运行	1～8

*综合了 3 份美国、1 份日本的事故调查报告结果(见注释 1)。

- 阿波罗 13 号飞船登陆舱的一个氧气罐爆裂(1970 年)。
- 英国弗利克斯堡化工厂环己烷外泄造成爆炸(1974 年)。
- 美国宾夕法尼亚州三里岛核电站因冷却剂失流险酿大祸(1979 年)。
- 一架 DC - 10 飞机在美国芝加哥奥黑尔国际机场坠毁(1979 年)。
- 印度博帕尔市附近,一家生产杀虫剂的工厂由于异氰酸甲酯毒气泄漏诱发灾难性事件(1984 年)。
- 日本航空一架波音 747 飞机在日本高天原山附近坠毁(1985 年)。
- 英国北海派珀·阿尔法采油平台爆炸(1988 年)。
- 英国伦敦克拉珀姆地区铁路交会处火车相撞事故(1988 年)。
- 美国得克萨斯州帕萨迪纳市菲利普 66 石油公司休斯敦化工厂爆炸(1989 年)。
- 英国牛津郡上空一架 BAC 1 - 11 飞机驾驶舱风挡玻璃爆裂(1990 年)。
- 一架 EMB - 120 飞机在美国得克萨斯州鹰湖上空解体(1991 年)。
- 在多米尼加共和国普拉塔港,由于皮托管堵塞导致一架波音 757 飞机失事(1996 年)。
- 美国佛罗里达州一架 Valujet 公司的 DC - 9 型飞机机舱内氧气发生器着火(1996)。

此外,专家估计维修差错是 1982—1991 年飞机失事的第二大肇因,仅次于可控飞行撞地事故[2]。

除了上述事故灾难外,关于维修差错的重要影响,财务报告上的数字比人员伤亡数字体现得更明显。维修差错会持续造成巨额经济损失。美国核电站因为维修或延长维修导致设备运转中断,每天的费用高达上百万美元。

在火力发电站中,56%的被迫停机都是在计划停机或维修停机后不到一周内发生的[3]。根据通用电气公司的估算,每一次发动机空中停车给航空公司造成的经济损失大约为 50 万美元,而停车的主要原因通常是维修差错。波音公司估算每次因为维修而取消航班造成的经济损失为 5 万美元,因维修导致航班延误每小时的经济损失为 1 万～2 万美元[4]。Valujet 公司的 DC-9 型飞机在佛罗里达湿地坠毁的相关诉讼费用超过 10 亿美元。维修差错不仅威胁到生命和财产安全,对于企业的运营来说也是一件非常糟糕的事情。然而,这些维修差错出现的方式总是非常相似,这点对我们来说倒是个好消息。

1.2　好消息

很多人认为差错是随机发生的,捉摸不定且无法预测,因此很难进行有效控制,但事实并非如此。诚然,总是存在偶然因素的作用,人为差错也不可能完全避免,但绝大部分过错和错误都离不开一些系统性的重复模式。这些模式在维修工作中尤其明显,下文将详细讨论。

维修事故并非绝对无法预测,大部分维修事故都是由维修工作中常见的环境因素和任务因素决定的。犯错的人并不是一些粗心大意的、不合格的工作人员,因为即使来自不同的维修单位(常常是优秀单位的优秀维修人员),他们仍然会犯同样的错误。

1997 年,艾伦·霍布斯(Alan Hobbs)访问了一些经验丰富的飞机维修人员,就他们曾经卷入或耳闻目睹的 86 起安全事件进行了访谈。除了个别几起事件,人为差错是导致其他所有事件的主要原因。其中约有一半的事件关系到员工的安全,约有一半影响到飞机的适航性。当问及提供这些事件报告的被访问者以前是否曾发生过类似或同样的事件时，他们的回答总结如图 1.1 所示[5]。

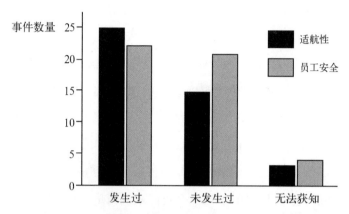

图 1.1　飞机维修差错重复发生的频率（$n＝86$）

资料来源：霍布斯撰写的《航空公司维修工作中的人为因素——事故报告调查研究》（堪培拉：航空安全调查局，1997 年）。

受访者承认，一半以上的事件以前曾发生过，尤其是对飞机造成不良后果的事件。在大多数事件中，做出如此判断的维修人员也确信同样或类似的差错以后还会再次出现。

这是一个很重要的发现，因为它表明不管谁执行维修工作，总有某种环境和工作压力导致不同的人犯同样的错误。这些"差错陷阱"清楚地表明，我们重点要对付的是诱发差错的任务和环境，而不是易出错的人。

因此，好消息来了：如同"被清晰定义"的企业风险可以管理一样，维修差错问题也可以用同样的方式进行管理。由于多数维修差错的发生模式都具有可识别性和重复性，因此我们可以集中使用有限的资源达到最大的补救效果。需要强调的是，可以绝对限制或遏制人为差错的方法是不存在的。正如本书第 2 章中讨论的一样，有效的差错管理需要针对系统的不同层面采取多种对策：个人、团队、任务、工作场所以及整体组织等。下面我们首先来看看维修差错的发生模式。

1.3　拆卸与更换

无论哪个行业或运营领域,很多维修工作都涉及两种重复的活动:① 拆除紧固件、拆卸零部件;② 更换紧固件后重新组装和安装。我们都知道,将一件东西拆下来,然后重新复位组合好,前者比后者要容易得多。当你认为自己完全重组好了,却发现总会有遗漏的部件。

我们并不需要请一位火箭专家来解释为何重新组装比拆卸更容易出现人为差错。大体上讲,下面的示例应当视为维修工作的一种宏观模式。设想一个螺栓上面有八个螺母。螺母的标号分别为 A~H,我们需要将它们拆下来,然后按预定顺序放回去。将螺母从螺栓上拆下来的方法的确只有一种,而且每一个步骤参照前一步就可以自然地完成。工作所需的知识从任务本身就可以得到,不需要储存在记忆中或从程序中读取。这是一种"现实世界的知识",而非"头脑中的知识"。

但是,当我们需要按特定顺序将螺母重新安装时,会有 4 万多种将顺序搞错的可能(8 个因数的可能组合:$8 \times 7 \times 6 \times 5 \times 4 \times 3 \times 2 \times 1 = 40\ 320$),这还没有考虑其他可能发生的遗漏。而且,重新安装所需的知识要么储存在记忆中,要么可以通过书面程序获得。重新安装会对有限的脑力资源(注意力和记忆力)造成更大的负担,这就极大地增加了出错的概率。

事实上,在实际的组装任务中(与上述螺栓、螺母的例子不同),维修人员的工作会更加困难,因为安装流程可能会掩盖各种差错(如遗漏、误装、顺序颠倒等)。因此,安装和重新组装面临着两个问题:出错的可能性比拆卸更大;发现错误的可能性比拆卸更低。

目前已有大量证据(主要是航空领域的)证实,到目前为止,大部分维修差错与重新组装和安装都有关系。例如,波音公司分析确定了发动机空中停车的前 7 大原因如下(括号中的数字为每一类原因所占的比例)[6]:

- 未完成安装(33%)。

- 安装中受损(14.5%)。

- 误装(11%)。

- 设备未安装或遗漏(11%)。

- 异物损伤(6.5%)。

- 不恰当的故障隔离、检查、测试(6%)。

- 设备无效或失效(4%)。

1992年,普惠发动机公司调查了1991年波音747飞机的120次空中停车事故,得出了相同的结果[7]。排在前3位的原因分别是部件丢失、部件错误以及安装错误。英国民航局调查了各种维修疏忽,发现最普遍的问题是不正确地安装零件,其次是安装了错误零件、布线偏差及维修后将外物(工具、抹布以及个人物品)遗忘在飞机内[8]。

1.4　越权与失职

简单地说,人有两种出错的情况:要么做了不该做的事,要么没有做到该做的事。前者属于越权,后者属于失职。失职就是遗漏了应该完成的操作或任务(通常在安装过程中),这是第一大类维修差错。在此我们要探讨一下有关的证据。确实,不仅是在核电站中,其他行业可能也一样,包括正常操控期间、从应急或非正常状态恢复期间出现的差错在内,维修失职在整体系统中构成第一大类人的行为问题。

曾有专家对200次核电站发生的重大事件进行分析,确认失职行为占全部差错记录的34%,是第一大类。同一研究还表明,与这些失职关联最多的工作是修理和改装(41%)、测试和校准(33%)、存货管理(9%)以及手动操控(6%)[9]。

而另外一份涉及美国核电站运行的调查发现,64.5%与维修有关的差错都包含遗漏了必要步骤[10]。对日本核电站的调查也发现维修失职所占比例与此类似[11]。

　　在航空维修调查中也可以看到类似的数据。在一项研究中,专家对一家英国大型航空公司 3 年内记录的 122 个维修差错进行了分析。研究发现,56% 为疏漏,30% 涉及某一类不正确安装,而 8% 涉及使用错误零部件[12]。专家对这些疏漏进行了详细调查,发现有以下几种子类别:

- 未紧固或未完成紧固(22%)。
- 部件被锁住或锁销未移除(13%)。
- 盖子松动或丢失(11%)。
- 部件松动或断开(10%)。
- 部件丢失(10%)。
- 工具或备用紧固件未拿走(10%)。
- 缺乏润滑(7%)。
- 仪表盘未安装(3%)。
- 其他(14%)。

　　在与那些经验丰富的维修人员进行的一系列访谈中,艾伦·霍布斯了解到了 120 种导致事故的差错[13]。最常见的一类差错是失职,约占所有差错的48%。失职的各个子类别按发生频率列举如下:

- 开始工作前,飞机系统未解锁或未采取安全措施。
- 安装未完成。
- 工作未记录。
- 系统无效或失效。
- 未发出口头警告。
- 保险销或连杆忘取出。
- 未使用警告标志。
- 测试未完成或完成不充分。
- 物品遗失在飞机或发动机内。

- 检修口盖未关。

- 设备未安装。

- 未做必需的保养。

总之，失职是维修差错的第一大类别，通常与重新组装和安装工作有关。当然，这些差错涉及的那些事项或操作本身就容易被遗漏，如紧固件、锁销和盖子落下或松动；外部杂物未移除；未发出警告；忽略了书面工作。在第 9 章里，我们将讨论产生失职的主要影响因素。

1.5　小结

本章从"坏消息"入手，说明维修是一项高出错率的工作。在各种危险技术中，它的人为因素问题占比很大，甚至可能是最大的。"好消息"的意思是说维修差错并不是毫无规律、捉摸不定的，它们有系统的模式，具体模式与工作性质和差错类型有关。大量证据表明，大部分差错都与重新组装和安装有关。此外，失职（没有做必须要做的工作）通常发生在重新组装时，是第一大类维修差错。最后，经验丰富的维修人员判断，这些差错大多是以前发生过的，以后还可能再次发生。同样的错误不断发生在不同组织的不同人员身上，这就说明，我们采取对策的重点应放在任务和工作场所上，而不是放在假定犯错者的心理波动上。这对于管理维修差错来说至关重要，我们将会在后面的章节中继续探讨。

注释

1　INPO, *An Analysis of Root Causes in 1983 Significant Event Reports* , INPO 84 -
027 (Atlanta, GA: Institute of Nuclear Power Operations, 1984); and INPO, *An*

Analysis of Root Causes in 1983 and 1984 Significant Event Reports, INPO 85 - 027 (Atlanta, GA: Institute of Nuclear Power Operations, 1985); K. Takano, Personal communication, 1996.

2　R.A. Davis, 'Human factors in the global market place', Keynote Address, Annual Meeting of the Human Factors and Ergonomics Society, Seattle, WA, 12 October 1993. See also Boeing, *Statistical Summary of Commercial Jet Aircraft Accidents, 1959 - 1992* (Seattle, WA: Boeing Commercial Airplane Group, 1993).

3　A. Smith, *Reliability-Centered Maintenance* (Boston: McGraw Hill, 1992).

4　R.C. Graeber, 'The value of human factors awareness for airline management', Paper presented to conference on Human Factors for Aerospace Leaders, Royal Aeronautical Society, London, 28 May 1996; D. A. Marx and R. C. Graeber, 'Human error in aircraft maintenance', in N. Johnston, N. MacDonald and R. Fuller (eds), *Aviation Psychology in Practice* (Aldershot: Avebury, 1994).

5　A. Hobbs, *Human Factors in Aircraft Maintenance: A Study of Incident Reports* (Canberra: Bureau of Air Safety Investigation, 1997).

6　Boeing, *Maintenance Error Decision Aid* (Seattle, WA: Boeing Commercial Airplane Group, 1994).

7　Pratt and Whitney, *Open Cowl*, March issue, 1992.

8　United Kingdom Civil Aviation Authority (UK CAA), 'Maintenance error', *Asia Pacific Air Safety*, September 1992.

9　J. Rasmussen, 'What can be learned from human error reports?', in K. Duncan, M. Gruneberg and D. Wallis (eds), *Changes in Working Life* (London: Wiley, 1980).

10　INPO 1984 and INPO 1985, op. cit.

11　Takano, op. cit.

12　J. Reason, *Comprehensive Error Management in Aircraft Engineering: A Manager's Guide* (Heathrow: British Airways Engineering, 1995).

13　Hobbs, op. cit.

第 2 章　人的风险

2.1　采用系统性观点

在一个主要城市的机场,每 6 个月对空中交通管制中心的不间断电源进行一次定期检查,检查时间从一个繁忙工作日的 18:00 开始。检查工作开始约 20 分钟后,整个管制中心停电了。空管屏幕不亮了,转换语音通信频道的软件也停止工作了,卫星通信、向其他两个主要城市提供信息的雷达也开始中断,就连管制中心内的灯光也熄灭了。空管员有长达 7~10 分钟的时间无法确定飞机的位置。空管人员使用应急无线电,指挥飞行机组人员对飞机进行目视监控,确保其交通告警与防撞系统均已开启[1]。

在日常工作中,经常会遇到维修差错,人们往往会纠缠于每次事故的细节而忽略了全局。我们会对犯错的人非常恼怒,心想:这些人怎么会这么不负责,这么不仔细,甚至会觉得这些人怎么会这么愚蠢,尤其是在维修人员的某种过错可能会造成非常严重的后果时。这些都是自然和可以理解的反应,但是它们会使维修管理人员在处理差错问题方面得到错误的结论。

差错管理本身就容易出错。很明显,人为差错必然有人的根源。有些人(通常是一群人)出现差错会威胁到运行安全和第三方的生命安全。于是,人们往往会关注某个人犯错误之前的个人心理因素,并且会采取似乎有必要的一切措施来防止差错再次发生。通常采取的措施有加强纪律,重新编写程序,责备、羞辱和重新培训。但这样做，忽视了关于人的差错中很重要的两点。第一，差错是无法避免的。任何人都有可能出错，但没有人希望出错。第二，差错不仅仅是原因，它还是结果。它们并不是在人的大脑中孤立发生的，而是与当时的情况相关，通常与任务、工具、设备及工作场所有关。如果我们要理解这些环境因素的重要性，就必须从犯错人员的大脑中抽离出来，从整体上考虑系统的本质。如果说这本书有一个永恒主题，那就是环境和系统比人的处境更容易改变，尤其是当有关人员已经受过良好的训练且动机端正时。事实上，在维修机构中，我们的工作人员通常也确实如此。

2.2   包含人的元素的系统

维修机构就是各类系统。系统是一组相互关联的实体或要素。系统可以是自然的（如太阳系），也可以是人造的。人造系统的构成要素通常既有人，也有技术要素。人造系统是为某个特定目的组织起来的，并且会有边界，虽然边界通常是可渗透的。包含人的元素的系统如图 2.1 所示。

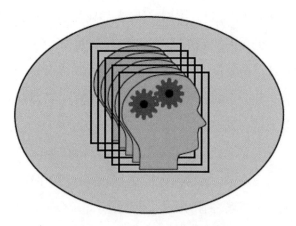

图 2.1   包含人的元素的系统

包含人的元素的系统有多种不同的形式。下面所列的例子都是包含人的元素的人造系统：

- 一个大城市。
- 一个道路网络。
- 一个医院。
- 一个足球运动场。
- 一个银行营业所。
- 一个公共行政部门。
- 一个维修机构。

2.3　与人相关的干扰

所有包含人的系统都会受到干扰的影响。这些都是不希望出现的偏离正常状态的情况，它们的根源在于人类的各种行为倾向。在图 2.2 中，用"超出范围"符号来表示这些与人相关的干扰。

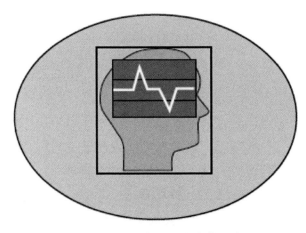

图 2.2　与人相关的干扰的符号表示

与人相关的干扰可以有多种不同形式,但每个系统一般都有其特定的某些形式。例如有如下形式:

- 在大城市,这些形式是犯罪以及偷窃,通常与毒品的使用或交易有关。
- 在道路上,通常是指危险或鲁莽的驾驶行为(大部分是年轻人)。
- 在医院,可能是缺乏某一特定程序的医疗技术。
- 在足球运动场,它是大量人群造成的拥挤以及因为球迷支持不同球队而诱发的暴力冲突(如海斯尔事件和希尔斯堡事件)。
- 在银行营业所,它可能是欺诈交易(如巴林银行的倒闭)。
- 在公共行政部门,它可能是贿赂官员(事例太多,无法举例)。
- 在维修机构,它指的是人的差错。

2.4　干扰的形成过程

如前文所述,与人相关的干扰并非是从人们的脑海中直接浮现的。它们在脑海中有一个形成过程。也就是说,它们是很多环境因素互相作用的结果,如图 2.3 所示。

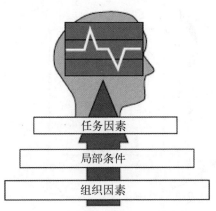

图 2.3　与人相关的干扰的形成过程

干扰的性质和发生的可能性都取决于当时所做的事情、周围的环境和整个系统的特性。这些因素对与人相关的干扰(如差错)具体有何影响,将会在后面章节中详细讨论。

2.5　系统制订防御措施应对可预见的干扰

在大多数已建立的系统中,人们很清楚主要干扰的性质;而且,干扰在很大程度上是可以预见的。所以,我们可以制订防御措施防范这些可预见的干扰。制订防护和保障措施是系统管理人员或控制人员的责任。经验表明,任何一种类型的防御措施都不是无懈可击的,具体原因将在后文讨论。因此,较为常见的做法是借助深度防御措施,也就是说,应该采取多重防护措施,将干扰与系统中易出错的部分分离。在理想情况下,防御措施应该具有冗余性(多项备用防护措施)和多样性(多种不同类型的防护措施)。大多数现代技术系统一般都采用这类防御布局,如图 2.4 所示[2]。

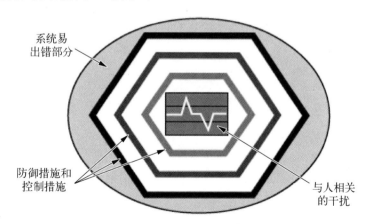

图 2.4　在干扰与系统易出错部分之间建立起的多重防御措施

任何防御措施的组成都取决于系统的性质。例如,在大城市,防御措施包括执法机构、法院和刑罚机构。但在维修机构,则由硬性和软性防御措施组成。

硬性防御措施是指多种专设安全措施,包括实体安全护栏、感测设备、警告和警报。软性防御措施之所以说是"软性",是因为它们涉及人员和文件措施,包括规则、规章、程序、监督检查和签字、检查、换班交接程序、工作许可系统以及质量保证人员等控制措施。

2.6　系统防御措施也可能失败

如图 2.5 所示,没有任何一重防御措施是完全且完美无缺的,它们都有一定的漏洞和不足。防御措施是由人设计和实施的,而人都容易犯错。没有人能预测所有可能的干扰组合。

图 2.5　防御措施并非万无一失：任何防御措施都有漏洞和不足

在人工系统中,发生坏的结果或灾难一定满足以下两个条件。第一,需要有一些诱发灾难的干扰发生。第二,系统防御措施没有检测到干扰的发生,或者不包含这些坏的结果。灾难的发生通常需要同时破坏多重防御措施。因为设置了多重防御措施,所以实际发生的坏结果通常比可能发生的危险干扰数量少得多。

人们常说,某个特别严重的事件本来是可以避免的。但是,这种说法只在一定意义上是正确的,虽然防御措施失败或许是可以预防的,但是它们想要预防的与人相关的干扰却难以实现。违规、粗心、犯罪行为和易错性在心理学上有深刻的根源,而且根深蒂固。这些问题是可以改善的,但永远不可能完全消除。

2.7　道德问题

对于那些致力于追求人性完美的人来说,肯定无法接受上述观点,甚至觉得这是宿命论。但是,这一观点往往忽略了个体与人类两者的区别。个体也许可以改变,但人类可能无法改变。进化带给我们非常复杂的一面:因为进化,人类具有非凡的创造能力、沟通能力和构造能力,同时也自然具有某些非常原始的动物驱力和本能。

但是,从道德方面来考虑人为差错很可能会模糊和混淆一些问题。其中有两个相关的问题。第一个问题是没有将差错与其他类型的与人相关的干扰区分开。第二个问题是假定差错本身是坏事情。当调查某些事件或事故原因时,很多系统管理人员将所有与人相关的干扰全部视为应受谴责的行为,并且对当事人进行相应的惩罚。其中一些与人相关的干扰显然在道德层面是不能接受的,如犯罪行为、群体暴力和危险驾驶等,但是差错本身并非如此。差错是另一类完全不同的干扰,非常普遍但绝非故意而为。在某种意义上,它们是人的思维设计缺陷,本身并不是坏事,只是反映了大脑中存在的缺陷。注意力分散、健忘、顽固的习惯干扰等任何一种差错倾向,都会影响大脑正常工作。每种经常发生的差错,其根本原因都是高度适应性的大脑过程。此外,试错学习是获得新技能或处理新情况的必要步骤。差错倾向并不是问题所在,相对而言,产生差错的不可原谅的、人造(至少从进化的观点来看)环境才是问题的症结所在。

在厨房里烧开水时，未接通烧水壶电源而接通烤面包机电源，可能只会给出错的人带来一些小麻烦，但如果同一类型的差错发生在飞机维修机库里，则可能会诱发致命的后果。差错是一样的，只是发生的情形不同。

为什么我们常常会责备出错的人而不考虑出错情景呢？部分原因与心理学家所说的"基本归因错误"有关。这种倾向深深根植于人的本性之中，而且涉及观察者和参与者之间的观点差异。当我们看到或听说某人犯了错误时，我们会将犯错归因于此人的性格或能力，即个人素质。我们会说这个人粗心、愚蠢、无能、鲁莽或轻率。但是，如果你问当事人为什么会犯这样的错误，他们肯定会告诉你当时的情形迫使他们只能做出那样的行为。当然，真相介于两者之间[3]。

为了避免出错后只是一味责备当事人，我们不仅需要认识到人的行为几乎总是受到各种超出人能直接控制的因素的限制，而且还要认识到人很难避免他们自己原本无意要做的行为。当然，人都会有粗心的时候，还会做愚蠢的事情，我们每一个人都会时不时出现这样或者那样的差错。但是，偶尔一个愚蠢或粗心的行为并不能说明这个人就是愚蠢或粗心的。每个人都有能力做各种各样的事情，人在做事的时候，有时状态很好，有时则会表现很差，然而大部分情况下能够保持稳定状态。差错管理的一个基本原则告诉我们：最优秀的人有时也会犯最严重的错误。

由于没有充分意识到差错的不可避免性，同时，在文化方面强调谴责和惩罚，因此许多维修机构往往将大部分的有限资源集中于试图在单个维修人员层面上预防差错。他们没有认识到以下问题：

- 主要依赖劝告和处罚的措施，成效非常有限。在许多情况下，这些措施的弊大于利。
- 对系统安全有重要影响的差错有可能发生在所有级别的系统中，并不仅限于"重要"系统中。
- 疏忽、过错和错误是各种原因共同作用的结果，其中个人心理因素（短暂的疏忽、遗忘、判断失误等）通常是"差错链条"中的最后一环，也是最难管理的一环。

- 很多事件和事故,尤其是维修中的事件和事故,是由易出错的环境,而不是由易出错的人引起的。

因此,他们往往会忽视以下目的的措施:

- 减少任务、团队、工作场所和组织中易出错的方面。
- 加强和改进防御措施,以限制无法避免的差错所造成的恶劣影响。

总而言之,很多维修机构试图改变人的状态,而实际上他们应该改变的是人的工作环境,而且应该将差错视为维修工作中预料之内、可预知的工作内容。

2.8　差错就好比是蚊子

你可以一只一只地消灭蚊子。你可以重重地拍打它们,也可以用杀蚊剂喷杀它们,但是绝不可能把它们消灭干净。唯一有效的办法,是首先排干滋生蚊子的沼泽地,其次采取各种有效的防护措施(如蚊帐、驱蚊剂和奎宁类药丸)来预防疟疾(被蚊子叮咬后产生的不良后果)。

对于维修差错,道理也是一样的。"沼泽地"是导致差错的任务、团队、工作场所和组织机构因素。防御措施是可以在差错导致严重后果前发现并弥补差错的系统防护措施和屏障。这两个过程,即消除容易出错的环境和加强防护措施,是有效差错管理方案的两个最重要的组成部分。反之,将机构的大部分有限资源集中于维修人员的单独差错,只会像一只一只拍打或喷杀蚊子一样。

2.9　展望未来

下一章将会介绍一些系统设计中人的基本知识,并解释为什么与维修相关的活动特别容易出错。为了控制产生差错的环境，我们需要了解人的差错的多样性及其影响因素。这些问题将在第 4 章、第 5 章中讨论。第 6 章将介绍三起系统故障案例研究。第 7 章将介绍有效差错管理的基本原理。第 8～10 章将描述针对个人、团队、任务、工作场所和组织机构的差错管理方法。第 11 章将讨论重要的安全文化问题。第 12 章将重点论述实现过程，即差错管理的管理。

注释

1 Australian Transport Safety Bureau，Air Safety Occurrence Report 200002836 (Canberra：Australian Transport Safety Bureau，2001).

2 See also the 'Swiss cheese' model as described in J. Reason，*Managing the Risks of Organizational Accidents* (Aldershot：Ashgate，1997).

3 S.T. Fiske and S.E. Taylor，*Social Cognition* (Reading，MA：Addison-Wesley，1984).

第3章　人的行为的基础

3.1　工程心理学

对于许多有工程背景的人而言,心理学似乎是一个含糊不清的"人"的内在因素,与他们孜孜以求的严谨技术专业相距甚远。但是,人不能从表面现象看问题。有很多心理学家,尤其是对人的认知感兴趣的心理学家,从事人的注意力、记忆、思维、问题解决和行为控制等研究,他们像工程师一样思考,并且与人们普遍认为的"心理学家就是心理医生"的刻板印象相去甚远。认知心理学家常常把人的大脑看作类似于信息处理机的东西,但是与大多数机器不同,打开和检查大脑的内部结构并不能揭示人类大脑的工作方式。人的肉眼所能看到的只是一大块灰粉色的、杂乱的神经组织和血管团块。当然,现代大脑扫描仪能揭示更多的奥秘,但即使如此,大脑结构和功能之间的联系仍然相当神秘。

确切地说,一些心理学家像工程师一样思考的说法实际上指的是他们像控制工程师和系统分析学家一样思考,而不是说他们像各种动手实践的工程师一样思考。尽管如此,工程师和心理学家的共同之处仍比我们通常想象的要多。

本章用工程术语来描述不同等级的人的行为——实际上,控制工程师会先对这些等级进行分类,这是对各种人为差错进行分类的基础。人为差错经常被视为一连串不希望发生的动作。实际上,差错可分为完全不同的类别,而且不同类别的差错发生在不同级别的维修机构中,需要采取不同的应对措施。了解这些差异是有效进行差错管理的一个基本前提。第 4 章将详细讨论这些内容。但首先,我们需要了解大脑如何控制我们的行为。

3.2   大脑功能图

图 3.1 概括了大脑功能的基本结构组成部分。它并不是一个线路图或大脑解剖图,而是简单描述了大脑的重要组成部分及其相互之间的联系。

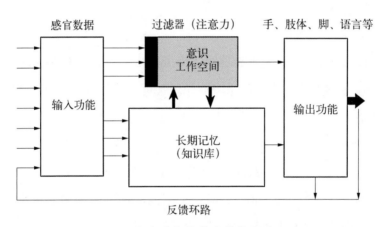

图 3.1   大脑功能的基本结构组成部分

感官数据通过一系列输入功能进入大脑。感官包括视觉、听觉、味觉、触觉、嗅觉以及各种位置和运动感受器。视觉是最主要的感官,当输入信息有冲突时人会采用视觉信息做出判断。

经过过滤器(注意力)的筛选后,一小部分可用感官数据进入意识工作空间。所选择的数据通过计算能力强大(虽然慢而且费力)的思维、推理和判断过程加以分解、补充或重新组合。意识工作空间可以直接作用于各种输出功能,如手、肢体、脚、语言等,命令它们完成特定的行为或发出声音。

一些输入数据直接传递到长期记忆(知识库),高度专业的知识结构或图式对它起作用。虽然意识工作空间对各种感官数据都是开放的,但长期记忆功能只能搜索与已储存知识结构相关的信息,各个图式功能也只能搜索与之相关的信息。因此,识别猫的图式仅对与猫相关的信息感兴趣:如特定大小和形状、四条腿、锋利的爪子、软毛、有胡须等信息。

长期记忆中的信息有两种流动方式:

(1) 它可以用预定指令的形式直接控制输出功能。在工程术语上,我们可以说,通过意识工作空间进行行为控制属于反馈驱动,而通过长期记忆控制行为则属于前馈驱动。后面我们将详细介绍这些控制模式。

(2) 长期记忆不断地向意识工作空间传送信息。有时,这些信息是通过检索机制有意识搜寻的,但通常情况下,这些信息会自动进入意识,看起来是主动进入的,实际上受到了两种基本搜索规则的驱动——相似性匹配(对同类项进行匹配)和频度性匹配(当有两项或以上的信息都符合相似性原则时,优先选取在这种情形下使用最频繁和最近使用过的信息)[1]。这样传递的信息可能是一种想法、一个图像或是一个动作。

意识工作空间和长期记忆经常会以微妙的平衡方式运行,以我们想要的方式指导我们的行动。有时运行也会出错,但是这种情况比较少见。表 3.1 对这两种控制机制的特性对比做了一个总结。

表 3.1　意识工作空间和长期记忆的特性对比

意识工作空间的特性	长期记忆的特性
普通问题处理器	巨大的专门知识集合
容量有限	目前为止没有限制(无论是储存量还是记忆持续时间)
可有意识地提取内容(即当被问及时,我们可以描述出来)	过程(虽然不是结果)在很大程度上是无意识的
按顺序处理信息(即一次处理一项)	平行处理信息(即一次处理多项)
耗时、费劲	快捷、轻松
处理新任务	处理熟悉的日常事务和习惯

3.3　意识工作空间的局限性

如表 3.1 所示，意识工作空间和长期记忆的一个重要差别在于：意识工作空间的容量非常有限。当你查找一个电话号码，把它记下来然后拨号时，依赖的是意识工作空间。脑力计算是另一种情形，在找到答案之前，必须先在记忆中储存几个条目。意识工作空间的保存时间约为 1.5 秒，它像"漏桶"一样工作，新的信息或想法会取代旧的信息。意识工作空间的局限性对维护工作有重要的影响。中断和其他干扰很容易导致步骤遗漏，并且会引起其他记忆错误。

3.4　注意力

我们在日常用语中常说的"注意力"与意识工作空间的工作方式密切相关。注意力有很多特点，现列举如下：

- 注意力是一种有限资源，如果过度专注于某项事物，则会减少对其他事物的注意力。
- 容量限制使得注意力具有选择性，我们只能注意可用感官数据中的很小一部分。
- 不相关的事物也会吸引注意力，即注意力既可以集中在某些需要注意的感官输入上，亦可能会被当时的一些想法和担忧分散。
- 注意力（集中）很难持续超过几秒钟。
- 注意力集中能力在很大程度上取决于对当前关注事物的兴趣。
- 我们的行为越熟练或越习惯，需要的注意力就越少，事实上，注意力太过集中反倒会妨碍原本已经非常娴熟的工作。
- 正确开展工作需要适当的注意力平衡，既不要过多也不能过少。

我们可以用注意力手电筒光束模型打个比方,来总结注意力的上述特性,如图 3.2 所示。我们用手电筒照射的一束光来表示注意力,将可能注意的事物理解为一个任务空间。手电筒只能照射到这个空间里很小的一个区域。当前的光点位置表示注意力目前关注的那部分任务,手电筒可以将光束投向任务空间的不同区域。

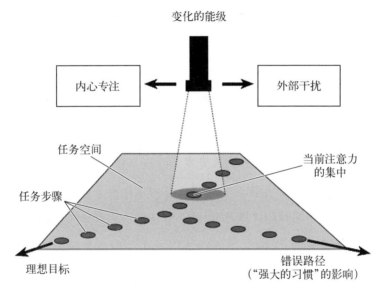

图 3.2 注意力手电筒光束模型

许多竞争因素会控制手电筒光束的运动。首先,也是最明显的,是个人的意图。我们可以按照自己的意愿来集中注意力,但是前文提到,这种注意力集中持续时间不长,最多几秒钟,之后会被其他事物吸引。这使得我们具备很强的适应能力。如果没有这种持续的注意力转移,那么我们看待世界的视野将会非常狭窄。许多不同的事情都可以吸引我们的注意力。如图 3.2 所示,内心专注和外部干扰都有可能吸引我们的注意力。情绪以及使用频率都可以激活长期记忆中的任何知识结构(或图式)。图式越受激励或者越活跃,它就需要越多的注意力。如果相应的图式和手头的工作有关联,那么情况适宜。但是,如果它与其他完全不同的事情相关，例如内心的担忧或外部的干扰，则会导致在工作的关键时刻分散注意力，进而产生差错。图 3.2 说明了一个典型的心不在焉过错是如何产生的。有两条不同的前进路线，它们的最初阶段是一样的，其中一条路线比当前的预定路线或正确路线使用更频繁。除非在适当的时机将注意力放在选择点上，否则，人们会一直沿着最习惯的路线走。我们将在下一章中讨论"强大的习惯"的影响。

3.5　警觉性降低

在二战中，人们发现，雷达操作员值班约 20 分钟后，会越来越容易忽略一些明显的目标。常常是路过的人无意中发现了雷达图像，而操作员却全然没有注意到该目标，虽然操作员很想将注意力集中在屏幕上。这一问题称为"警觉性降低"，适用于很多"概率相对较小且事件发生时间间隔很大"的监控任务。孔探仪探测、医学 X 光片检查以及工厂质量控制检查都可能出现警觉性降低的情况。可通过增加休息次数或工作多样性来提高警觉性。在社交氛围中，警觉性通常也会更好，可能是因为人们在社交氛围中更加警惕。

在第 8 章中，我们将会重新回顾注意力手电筒光束模型，探讨更好的控制注意力集中的办法。同时，我们将继续研究注意力和习惯之间的关系。

3.6　注意力和习惯

我们的行为越趋于熟练或习惯化，就越不需要通过有意识的注意力来指导这些行为的细节。习惯（思考和认知习惯）和熟练的行为在长期记忆中储存为预编程的指令串,它们是精神生活的"软件"。

自动化过程(即越来越受自动控制影响的行为)适用于我们生活的方方面面,包括脑力计算、骑自行车、说外语、拆除一个熟悉的设备以及我们的许多思考甚至社交行为。长期记忆中储存的"程序"指导着生活中的日常、重复行为。这样,意识工作空间可以把精力集中在总体战略而不是战术细节上,并在出现新问题(即事物预期运行方面的变化)时,应对这些新的问题。这种控制权的下放在生活中非常重要,这是人类大脑最强大的力量之一。但是,与大多数设计特征一样,它也有缺点:偶尔会出现未按计划执行的行为,或者出现第 4 章中将会讨论到的心不在焉的疏忽和过错。

在获得技能的过程中,有一个有趣的现象:工作会从主要由口头或"数字"控制的模式,即通过行动(或由一名教员指导)指导自己,转变为主要由无意识"模拟"引导的模式。当网球教练或飞行教练停下来说"看我怎么做"或"跟着我做控制动作"时,这个有趣的现象就出现了。这是因为技能非常熟练的人已经无法用语言来描述他们的行为了,这就是所谓的"专业悖论"。一方面,如果你试图告诉一名学徒如何拧紧一枚螺丝钉,你很快就会发现自己在用右手做拧螺丝钉的动作,并且还会说"就像这样做"。另一方面,如果你的注意力过于集中在习惯化的动作细节上,那么几乎可以肯定,你会做不好这些动作。你可以试着在打字的时候想想左手的中指在干什么;或者再傻一点,在跑着下楼时想想自己的脚在干什么。

3.7　控制模式和情景

我们的行为是大脑思考和周围环境这两个影响因素综合作用的结果。认知心理学的大部分研究都在试图理解这两个主要影响因素是如何相互作用并影响行为的。如上文所述,人类可以通过多种控制方式来引导自己的行为。这可以用两个极端以及介于两者之间的状态组成的一个统一体表示，如图 3.3 所示。

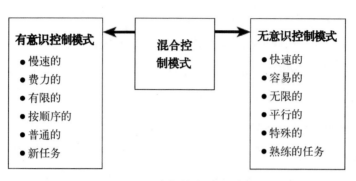

图 3.3　动作控制统一体

一个极端是有意识控制模式。这时，我们必须非常专注于自己的行为，必须慎重考虑接下来要做什么以及怎么做，然后再做出决定。这种控制模式运作缓慢、按顺序进行、有限制而且非常容易出错（试错学习是我们获得新技能的重要手段之一），但是它的功能很强大。简而言之，如果条件合适，那么我们可以利用它做各种事情。它对于处理新问题或新情况具有关键作用。不过这种模式真的很费力，我们实际上并不喜欢它。

另外一个极端是无意识控制模式（自动控制模式）。它的运作非常迅速，也不费力，因此我们很喜欢它。我们用该模式控制每天都必须要完成的、常规的、精通的并且高度熟练的动作。当我们采用这种控制模式时，可以（经常是一定会）思考其他事情。事实上，如前文所述，注意力太过于集中对习惯的动作反倒不利。注意力不集中时，我们的动作就会偏离我们的意图，沿着先前早已习惯但并非当前所期望的路线发展（请阅读本书第 4 章了解更多详细内容）。

我们在这两个极端模式间来回转换，自动按顺序开展行动，然后通过有意识思考，决定接下来该做什么并检查进度，以此来弥补差距。大多数时候，我们都按照这种混合控制模式工作，通过这种模式我们会做得最好。在极少数情况下，我们必须采取费力的有意识控制模式，或者采取不用思考的无意识控制模式工作。

　　我们生活和工作所处的情景也可以用统一体内的各种位置来描述,如图 3.4 所示。一个极端是我们非常熟悉的、常规的,基本上没什么问题的普通的情景,如办公室、工作场所、浴室、卧室、厨房之类的场所,以及其他完成日常活动的场所。在中间位置,是预料或预期问题的情景,对此我们已经受过训练,并在长期记忆中储存了大量的解决方案。另一个极端则是新奇的情景,我们会面临非常困难的、常常可能会有危险的问题。对此,我们没有现成的解决方案,必须当场找到解决困难的方法。

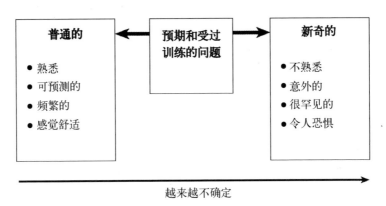

图 3.4　按照统一体对情形分类

3.8　人的行为的三个等级

　　丹麦杰出的控制论工程师延斯·拉斯马森(Jens Rasmussen)用工程师容易识别的和大部分认知心理学家乐于接受的方法(他们从未一致同意过任何事情),把人的行为划分为三个等级。这种划分对危险工作和人为因素两个领域都做出了很大的贡献[2]。这三个等级分别是基于技能的(skill-based,SB)、基于规则的(rule-based,RB)和基于知识的(knowledge-based,KB),表 3.2 总结了它们的主要特性。三个等级的划分已成为航空、核电、石油勘探和开采以及其他很多非常关注人的行为可靠性领域的一种行业标准。

表 3.2　基于技能、基于规则和基于知识的人的行为等级的主要特征

等　　　级	特　　　征
基于技能的(SB)	自动控制普通任务,偶尔检查进度
基于规则的(RB)	针对受过训练的问题进行预先的规则或解决方案匹配
基于知识的(KB)	有意识地、缓慢地、努力尝试去解决随时可能出现的新问题

对于人的行为的这三个等级,最好能够以一项熟悉的活动为例加以说明,例如在道路上驾驶车辆。对于经验丰富的驾驶员,速度和方向控制几乎完全靠技能实现。他们很难告诉别人自己是如何精确地换挡或驾驶车辆的。也许他们能说出主要的步骤,但是不能用语言来解释他们是如何精确操纵控制系统的。大多数与驾驶有关的问题都与其他道路使用者有关。公路法规和道路交通法规都明确规定了我们应该如何应对周围的车辆。因此,大多数与道路使用的社会方面有关的事情都是在基于规则的行为等级上发生的。几乎所有的情景都涉及各种规则:如果(发生情景 X),那么做还是不做(动作 Y)。但有时,我们必须把注意力集中在处理意外问题上。例如,当我们正沿着一条干线公路高速行驶时,从收音机里听到前方发生了交通堵塞。如果我们继续按原定路线前进,则肯定会耽搁很长时间。因此,我们必须找到一个替代方案。在这种情况下,很多人都不会停下来查看地图,而是继续驾驶,同时试图想出一个解决办法。这涉及使用关于前方公路位置和路况的一个不完整而且可能不准确的"心智模型"。这种费力而且常出错的"脑力劳动"就是基于知识的行为等级。

应该强调的是,这三个行为等级并非互相排斥。从驾驶车辆的例子中可以看出,这三个等级可能会同时进行。当前方堵车时,驾驶员可能会一边考虑其他路线(KB 级),一边操纵车辆的速度和方向(SB 级),同时遵守交通信号指示并避让其他道路使用者(RB 级)。

上文所述的例子很有用,但是还有一种更系统的方法可以定义行为的三个等级。在上一节中,我们已经基本了解了相关内容,如图 3.5 所示。

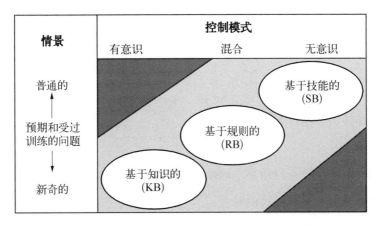

图 3.5 用活动空间来定义行为的三个等级

本图沿用图 3.3 和图 3.4 中使用的统一体来定义空间,我们称之为"活动空间"。我们在这个空间中描述人的行为的三个等级。

图形右上角是基于技能的(SB)行为等级,在很大程度上以无意识控制模式处理熟悉的且没有什么问题的任务。图形中间是基于规则的(RB)行为等级,当我们意识到某些变化或存在某些问题时,要改变大部分的无意识行为。但我们曾受过处理该问题的训练,或者这一问题以前曾经经历过,或有相应的处理程序应采用储存的规则:如果发生 X(某些情景),那么要做 Y(某些动作)。在应用这些储存的规则时,我们主要通过无意识模式匹配执行。也就是说,我们会不自觉地将现有的迹象和指示与某些储存的解决方案进行匹配。只有在这之后,我们才会(有时根本就不会)有意识地进行思考,来证实自己采用的是正确解决方案。图形左下角是基于知识的(KB)行为等级,当我们意识到没有现成的解决方案,必须思考出一个新的解决方案时,对应的就是这一等级。基于知识的行为等级实行起来比较缓慢,而且容易出错。

在图形左上角和右下角(深色三角形对应区域),有两种病态的或者不适宜的行为。在左上角对应的行为中，我们对非常普通的活动进行了大量思考，结果反倒产生了负面影响。在右下角对应的行为中，我们则在需要仔细思考时做出了自动响应。这是我们在惊慌时做出的反应，我们会做出最原始的过度反应。简单来说，我们会绕圈跑、尖叫或呼喊。

3.9　获得技能的阶段

从前面的讨论中可以清楚地看出，人的行为等级在很大程度上取决于一个人所掌握的技能和接受培训的程度。基于技能的行为等级是熟练作业的最高层次。基于技能的行为等级和基于知识的行为等级之间的区别在于专业知识。专家就是掌握了大量解决特定问题规则的人。当我们没有专业知识可用时，就要采用基于知识的方法。

技能获得对于理解人的行为具有重要意义，因此本节将介绍新手和专家在各个阶段的区别。图 3.6 总结了技能获得的主要阶段。

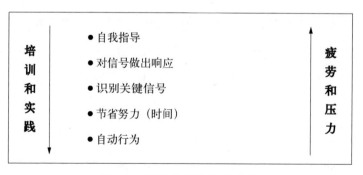

图 3.6　技能获得的主要阶段

当开始学习一项新技能时，我们非常依赖文字，要么从头到尾告诉自己如何做，要么听从教员的指示，这就是语言驱动阶段。随后，我们学会了如何将自己的行为与各种任务相关信号联系起来（感知驱动阶段）。一开始，所有的信号似乎都一样重要,但后来我们会逐渐识别其中的冗余信号。我们认识到自己不必对所有信号都做出响应。这样工作起来不仅没那么费力,还能节省时间。总之,我们开始具备技能熟练人员的特点:看上去会有充裕的时间。最后,经过大量实践后,我们不用下意识地考虑单独的动作就可以完成某项技能。从新手到专家的另一种转变方式可以描述为:控制方式由以反馈控制(大量使用意识工作空间)为主,转变为包括长时间的前馈控制(来自长期记忆)。

有趣的是,随着技能的增加,疲劳和压力会减轻。首先是省时,其次是可以减少不必要的动作。在疲劳状态下,人工作起来更加费力。可惜的是,人们并非总能意识到正在发生的事情,并且总是自认为工作表现与以前一样好。

3.10 疲劳

"疲劳"一词涵盖了许多影响,这些影响并非同时出现,包括疲倦感、生理变化以及与工作时长和时段有关的工作效率变化。工作时段影响相对来说比较直接,因此我们会重点介绍。图 3.7 总结了与昼夜(生理节奏)节律有关的主要变化。

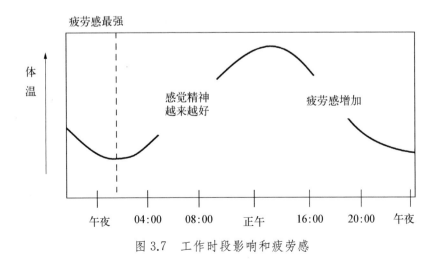

图 3.7 工作时段影响和疲劳感

人体体温以 24 小时为周期不断变化，大约在凌晨 3 点体温最低，在下午 14 点体温最高，相差约 0.5℃。人在凌晨时疲劳感最强，随后疲劳感逐渐下降，感觉精神越来越好，一直持续到正午过后，然后精力又开始下降，在凌晨精力降到最低。这种波动是昼夜节律的表现，昼夜节律意指"大约一天的变化"。工作效率的差异与昼夜温度循环密切相关。因此，一些严重事故和近乎重大灾难的差错都发生在凌晨并非偶然（三里岛核事故、博帕尔事件、切尔诺贝利核电站事故、BAC 1-11 驾驶舱风挡玻璃爆裂事故、波音 737 发动机漏油事故、A320 扰流板事故等）。昼夜节律的个体差异也很大，有的人在早上工作效率最高，有的人则在下午和晚上工作效率最高。

昼夜节律可能会受到外部因素的干扰，例如跨时区飞行造成的飞行时差反应和倒班等。跨越一个时区，平均需要一天的恢复时间。总体而言，由东向西飞（睡眠/觉醒循环相位滞后）比由西向东飞（相位提前）的昼夜节律重建更容易，不过回程常比去程恢复得快。同样，从白班倒夜班（相位滞后）比从白班倒到凌晨班（相位提前）适应得更快。有规律的倒班模式会改变人体节律，而轮班不会。但是，轮班意味着要在效率最低、最疲倦的时候工作。后续章节将继续讨论疲劳和轮班工作的有关内容。

3.11 压力来源

"压力"是另一种各种复杂影响的综合效果。下面总结了维修工作中可能遇到的，而且可能对工作效率有不利影响的各类压力来源。

- 物理压力来源：高温、潮湿、狭窄空间、噪声、震动等。
- 社会压力来源：焦虑、群体压力、激励计划、纪律处分等。
- 药品：酒精、尼古丁、药物等。
- 工作节奏：厌倦、疲劳、干扰和时间压力。

- 个人因素：家庭烦恼、疼痛、感冒及不适感。

人们生活中的重大事件如离婚、经济上的担忧等造成的压力会降低总体幸福感,增加患某些疾病的可能性。这些烦恼带来的影响会蔓延到工作中。正在经历这些事件的人可能会因为思想受到侵扰而分散注意力,特别是在工作负荷低的时候。此外,当人们处在由于生活事件(如婚姻或经济问题)造成的感情压力下时,会更倾向于冒险。例如,研究发现,生活压力大的人在驾驶时不系安全带的可能性更大[3]。

3.12　激发

激发是身体对压力、生物驱动和动机影响的反应。激发程度非常低时会表现出昏昏欲睡、反应迟钝和困倦;激发程度非常高时则会表现出兴奋、情绪激动、甚至是惊慌。激发程度太低或太高,都会影响工作质量,如图 3.8 中的倒 U 形曲线所示。

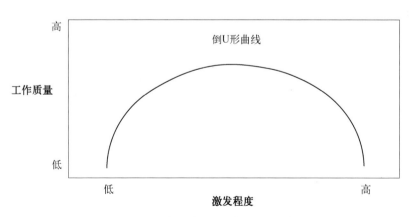

图 3.8　激发程度与工作质量的关系

激发程度对注意力有重要的影响。当激发程度低时,注意力往往很难集中,注意力也会很容易分散到与任务无关的信息上,因为我们要从无聊中转移注意力。当激发程度高时，注意力会高度集中，使人容易忽略或错过与任务有关的外部线索。同样，这其中也存在个体差异。例如，性格外向的人一般比性格内向的人更为放松。因此，在压力环境下，性格外向的人可能比性格内向的人工作得更好，但是性格内向的人比性格外向的人更容易将注意力集中在枯燥的工作上。

3.13 应对信息过载

人和机器的一个重要区别是当机器过载时，会突然出现故障；而当人"过载"时，则会逐渐出错。尤其是当人面对日益增长的信息需求时，更是如此。人会使用各种策略来释放信息负荷。下面列出了人们应对信息过载的一系列步骤。

- 忽略所选的输入。
- 速度与准确性的权衡（速度与差错的权衡）。
- 将事情推迟到闲暇时进行。
- 降低辨别等级，接受粗略匹配。
- 重新分配工作（如有可能）。
- 完全放弃任务。

3.14 性格类型

人们不仅在能力上有区别，而且在基本性格类型上也有差异。不同的性格类型与性格表现风格有关。从古代开始，人们就认为性格类型是有生理或身体依据的。例如，体液学说按照人体中占主导地位的四种体液对人的气质进行划分。血液多的人称为多血质，黏液多的人称为黏液质，黑胆汁多的人称为抑郁质,而黄胆汁多的人称为胆汁质。这种说法一直沿用至今。

现代心理学家创造了类似的性格类型分类。它是在内向与外向(根据神经系统寻求外界刺激的程度)以及稳定与不稳定(基于激发水平而言)这两个独立维度的基础上形成的。这样可以划分为四种性格类型,与体液学说非常接近。图 3.9 总结了这四种性格类型的特征。

图 3.9　基于内向与外向、稳定与不稳定维度的
四种性格类型(根据艾森克的理论)

不稳定的内向性格的人对应的是抑郁质,不稳定的外向性格的人对应的是胆汁质,稳定的内向性格的人对应的是黏液质,稳定的外向性格的人对应的是多血质。虽然"事故倾向"(认为某些人始终比其他人更容易出错)的概念已不再被广泛接受,但是有证据表明,不稳定的外向性格的人比其他性格类型的人更容易发生事故。不同的性格适合从事不同的职业。黏液质一般能成为优秀的麻醉师和空中交通管制员,而多血质则更容易成为优秀的外科医生或飞行员。当然,这种职业划分并不是绝对的。与智力一样,性格类型也服从正态分布或钟形分布规律,即绝大多数人处于内向型与外向型以及稳定型与不稳定型的中间位置,只有少数人处于边缘位置。

3.15　思维和决策上的偏误

当我们要在工作中做决策时，最理想的方式是遵循一个精细的推理过程，即考虑所有的可用方案，依次进行评估，然后选择最好的方案。但是，在现实中情况并非总是如此。我们知道，由于受到很多因素的影响，工作场所中的决策（包括维修人员做出的决定）可能存在片面性和歪曲性。有时，我们没有考虑到所有的可用方案，或者我们采用了不用思考就能得到的解决办法，又或者在情绪或时间的压力下，我们的思维"短路"了，所以最终决定采取的行动并不适合我们所处的情况。下面我们将介绍两个常见的决策问题。

1）确认偏误

干扰思考的重要因素之一是"确认偏误"倾向。当需要解决一个模糊或不清楚的问题时，我们经常会编制出一套理论来解释这种情况。一旦有了这种想法，我们就会挖空心思地去寻找能够证实的信息。人们很少试图证明自己是错的，事实上，有时甚至会忽略那些与他们的观点相悖的信息。例如，在故障排除过程中，维护人员可能会先预设一个最可能的原因，然后再试图证明这就是问题所在。最初的错误故障诊断会先入为主，阻碍我们考虑其他的可能性。例如，据报道，一架飞机在使用刹车时会向左偏。维修人员认为这是因为刹车与左侧机轮捆绑。但是，经过很长时间的努力之后仍然没有解决问题，最后才发现另有原因，原来是右侧刹车失灵了。

2）情绪与决策

挫折与攻击性之间有明显的联系。如果某种情况一直让我们感到很挫败，那么我们可能会转入"攻击性模式"，从而激发内在的潜力和动力，这似乎是人与生俱来的能力。几千年前，挫折与攻击性之间的这种联系可能帮助了我们的祖先对付野生动物、捕捉食物以及解决石器时代的很多其他问题。遗憾的是，我们现在生活的世界更需要谨慎行动，而不是依靠蛮力，但我们仍然保留着这个原始的问题解决系统。在维修中，时常存在各种让我们感到挫败的情况，例如缺乏适当的工具、延误和压力过大,这些挫败感会交织在一起,从而影响我们的判断。

3.16 小结

本章旨在向维修人员和其他非心理学领域的技术人员介绍一些控制和影响人的行为的因素。我们首先介绍了两个互补并且相互作用的心理结构,即意识工作空间和长期记忆的特征。其次,依次提供了两种截然不同的行为控制方式:有意识控制模式和无意识控制模式。最后介绍了三个行为等级,即基于技能的、基于规则的和基于知识的行为等级。在某个时刻,哪种行为等级占主导地位取决于控制模式和当时的情景性质。这三种行为等级在很大程度上取决于一个人的技能水平。它们将构成下一章中将要介绍的差错分类的依据。

本章其余内容还探讨了人的行为的多种不同影响因素,其中包括 24 小时昼夜身体节律及相应的疲劳感和体能;诱发压力的各种因素;激发的概念以及激发程度与工作质量之间的倒 U 形关系曲线;用于应对信息过载的方法;性格差异以及决策偏误。现在,我们就可以专注于本书的主要核心内容,即维修活动中出现的人为差错的性质、类型及管理。

注释

1 J. Reason, *Human Error* (New York: Cambridge University Press, 1990).

2 J. Rasmussen, 'Human errors: a taxonomy for describing human malfunction in industrial installations', *Journal of Occupational Accidents*, 4, 1982, pp. 311 - 335.

3 A. Schichor, A. Beck, B. Bernstein and B. Crabtree, 'Seat belt use and stress in adolescents', *Adolescence*, 25, 1990, pp. 773 - 779.

第 4 章　差错的类型

4.1　什么是差错?

每个人都知道什么是差错,或许心理学家除外,因为他们的工作就是提出一个大家都一致认可的定义。但是,他们目前还没有做到。事实上,有些心理学家甚至完全否认差错的存在。在这里,我们并不想继续对这种怀疑进行争论,而是要介绍一个在现实中有用的定义[1]。

差错是指计划的行动未能达到预期目标,它是在没有不可预见的或偶然干扰的情况下发生的。

定义中的附加限制很重要,因为它将可控或自愿行为与偶然的好运气或坏运气区分开。例如,如果你正驾驶一架飞机时突然被一大块太空碎片击中,则你很可能无法到达预定目的地,但很难说你有错。相反,如果某人在打高尔夫球时,把球击偏了,结果恰好击中了一只飞过的鸟,然后球滚进洞里,虽然目的是达到了,但是其行为仍然是错误的。

所有的差错都包含某种类型的偏离:偏离了预定的行动路线,偏离了计划行动的预定目标路径,或偏离了工作行为的适当操作程序。有时,这些偏离涉及违规,如超速驾驶。在本书中,我们将违规视为一个单独的类别,尽管有可能是由于差错而违规。

从根本上说,计划的行动未能达到预期目标,通常是由以下三种原因造成的。

（1）行动计划完全正确，但是并未按计划开展。这类差错称为技术性差错，包括过错（slips）、疏忽（lapses）、犯错（trips）和疏漏（fumbles）（简称过错和疏忽）。差错的原因包括注意力和记忆方面。

（2）行动可能完全按计划进行，但是计划本身并不能达到预期目标。这类差错称为错误（mistake）。错误可以分为两类，分别是基于规则的错误和基于知识的错误。过错和疏忽发生在执行层面，而错误则发生在处理问题的过程中（事情偏离了预期路线），还包括制定目标或拟定计划层面的失败。

（3）行动可能有意地偏离了安全工作方法。这类差错可能违反了正式规定和程序，也可能违反了不成文的规范或标准操作。

下面列出了维修中发生的主要不安全行为。我们将在本章以下各小节逐一讨论。

- 技术性差错。
- 基于规则的错误。
- 基于知识的错误。
- 违规。

4.2　技术性差错

技术性差错可以从人类信息处理的三个相关方面进行区分：识别、记忆和注意力。下面我们将讨论各种基于技能的差错。

1）识别失败

识别失败主要有两种情况：

- 错误识别物体、信息、信号等。
- 未发现问题（检查或监控失败）。

导致错误识别的主要因素如下：

- 相似性，正确和错误物体的外观、位置和功能类似。

- 模糊性，光照不好及受到信噪比的影响。

- 期望，我们看到的往往是自己希望看到的。

- 熟悉性，在熟练的和习惯性的任务中，认知会变得粗略。

错误识别包括对感官收集到的信息进行错误地解释。这类差错导致了很多严重事故，包括火车司机看错信号显示、飞行员误解仪表提供的高度信息等（尤其是老式"杀手"三指针高度仪）。

导致错误识别的一个主要因素是正确物体和错误物体的相似性（外观、位置和功能等方面相似）。在信噪比不好（光线不足、无法接近等）时，情况会更糟。例如，一个飞机维修工人需要给飞机补充液压油，然而等到加完油后，他才发现自己手里拿的是一罐发动机润滑油（现在已经空了）。在光线很差的储藏室内，润滑油罐和液压油罐的形状几乎是一样的。

错误识别受期望的影响也很大，我们往往会看到希望看到的东西。认知来自两类信息：感官获得的信息和长期记忆中储存的知识结构。感官信息越微弱或越模糊，受期望或储存知识结构的影响就越大。正如第 3 章中所述，一旦我们对正在发生的事情有期望，即使有与其抵触的信息，我们也倾向于选择能证实自己预感的信息。熟悉性与期望类似，尽管信息有时是错误的，我们仍会将粗略的感知信息与所熟悉或预期的事物进行匹配。

即使有新的故障检测方法和技术，大部分故障检测任务仍然依赖于肉眼完成。未发现问题通常是因为在检查过程中没有注意到明显的错误。

导致未发现问题的一些主要原因总结如下：

- 在发现缺陷前中断了检查。

- 虽然完成了检查，但是检查人员心烦意乱、心不在焉、疲惫或匆忙。

- 检查人员没有想到要在特定的位置发现问题。

- 检查人员发现了一个缺陷，但是又忽略了附近的另一个缺陷。

- 光线不足、有污垢或油脂。

- 检查人员休息时间不足。

- 检查人员不能充分接近。

其他因素还包括经验不足、没有受过足够的训练、不知道应该注意哪些迹象和症状。有些时候，我们没有考虑人的视觉系统的生理限制。例如，一些专业的检查技术要在弱光条件下进行，但检查人员可能不愿意等待 10 分钟或更长的时间让眼睛适应黑暗。科林·德鲁里(Colin Drury)和他的同事编制了关于维修检查人为因素的辅导材料[2]。未检测差错还反映了第 3 章中论述的警觉性降低的问题。在一个持续时间长的单调检查任务中，大脑的注意力很容易转移到其他事情上。问题常常是在不经意间发现的，这一点并不奇怪，正如下面示例中所说明的。

> 在长时间加班工作 18 小时后，维修人员在大约夜间 10 点对一台发动机进行全面检查。他没有注意到冷气导管内部的明显损伤。在检查到另一个缺陷后，才发现了这一损伤。

来看这样一个案例：1990 年，在英国牛津郡上空，一架 BAC 1-11 飞机爬升到 17 000 英尺(5 182 米)的高空时，飞机驾驶舱的风挡玻璃突然爆裂[3]。机长一半的身体被吸出窗外，直到飞机降落在南安普敦市。机长幸存，只是受了点轻伤。但是，这对于乘客和整个机组都是一件惊险的事情。

事故发生的前一晚，风挡玻璃已经进行过定期更换。诱发事故的原因很大程度上源于两个识别失败，一个是错误识别，另一个是未发现问题。这些差错是由值班主管造成的，因为缺少人手，所以他决定自己亲自进行更换。他从旧风挡玻璃上拆下 7D 螺栓后，发现很多都脏了，他认为需要约 80 个新的螺栓。于是，他去仓库管理员那里取，但却发现仓库中只有少量的 7D 螺栓。于是，他又开车去停机坪,并在一个装有通用航空配件、无人管理而且标签不清的圆盘传送带上寻找。他找到一个自认为是装满了 7D 螺栓的抽屉。他试图将它们与从旧风挡玻璃上拆下的螺栓进行匹配。当时他使用的匹配方法是把旧螺栓和新螺栓夹在大拇指和其他手指间,由于那里光线很差,他也没有戴老花镜,结果,他错误地选择了比 7D 螺栓细一些的 8C 螺栓。

第二个差错是在安装风挡玻璃时,他没有发现自己的错误。这其中有很多原因。因为工作台未放置好,他只能斜靠在飞机前面。扭矩螺丝刀的磁性钻头夹持器坏了,所以,他在安装螺栓时必须用左手握住钻头。这就意味着,他的手遮挡住了大部分的螺栓沉头,因而他未能通过螺栓沉头发现自己使用的是较细的螺栓。螺栓安装到了大一号的螺母中,而他却没有注意到扭矩的不同。

这个案例说明了维修差错的一个重要事实:差错经常是连续发生的,一个差错会诱发另一个差错。而且,一个差错会极大地增加发生下一个差错的可能性,这称为差错级联。差错级联还可能涉及很多不同的人,每个人都犯了一些单独的差错,这些差错联系在一起就会给系统的防御措施带来危险漏洞。在第 6 章详细介绍 3 个与维修有关的重大事故时,我们将会看到关于差错级联的例子。

2) 记忆失败

一项对澳大利亚飞机维修人员的调查收集了 600 多份维修事故报告。记忆失败是其中最常见的差错形式,占 20%[4]。

记忆失败可能发生在三个信息处理阶段中的一个或多个阶段。

- 编码(或输入)失败,对要记住的事物注意力不够,因此它从短期记忆(意识工作空间)中丢失了。
- 储存失败,记住的事物在长期记忆中衰退或受到干扰。
- 提取(或输出)失败,有些是我们知道的事物,但是在需要时却想不起来。

（1）输入失败。

第一类输入失败指的是没有记住别人告诉我们的事情，也没有记录先前的行动。当有人向我们介绍某些人时，最容易忘记的是什么呢？他们的名字。因为名字是一个人大量新信息中的一部分，除非特别努力地集中注意力去记（这样我们常记不住他们的长相和他们的职业），否则我们经常记不住这些人的名字。这告诉我们，对一件事给予适当的关注是日后能够记住它的重要前提。

第二类输入失败指的是"忘记"先前的行动。实际上，更准确来说是没有用心记忆。这同样是因为注意力不集中。在我们执行熟悉的日常任务时，大脑几乎总在想其他的事。正如第 3 章中的阐述，为了顺利完成任务，这是必要的。结果往往是我们"忘记"把工具放在什么地方，或者当到处寻找某样东西时，发现东西实际上已拿在手上。

其他类型的输入或编码失败如下：

- 在一系列动作中迷失自己所处的位置。当我们在日常的任务中突然"清醒"时，无法立即清楚地知道自己在一系列动作中所处的位置。迷失位置差错可能会造成一个潜在的危险后果：试图找到正确位置时再次出错。在找回位置时可能会出现两种差错，一种是我们判断的位置比实际位置提前了，因此忽略了前面的一些步骤；另一种危险性稍低的差错是我们判断的位置比实际位置落后了，因此重复了不必要的步骤（例如，在茶壶中放了两次茶叶）。

- 时间空白体验。我们不记得前几分钟自己散步路过哪些地方或者开车经过哪里，也不记得我们到底在做什么。例如，在洗澡的时候，我们可能不记得是否已在头发上抹了洗发水。我们刚才一直在想别的事情，但证据（如果有的话）已经被冲掉了。简而言之，我们没有用心留意日常的细节。

（2）储存失败。

存储失败有多种形式，最有可能对维修活动造成不利影响的是忘记了要做某件事的意图。执行某个动作或任务的意图很少会立即付诸行动。一般情况下,我们会先将这种意图保存在记忆中,等待恰当的时间和地点再执行。对意图的记忆称为前瞻记忆,特别容易忘记或转移,导致动作不能按预期执行。很多维修人员都很熟悉这样的情景:在开车回家的路上突然会想起"我有没有做呢? 我换了油箱盖吗? 我把那个工具拿走了吗?"

当然,我们也可能会将某个意图彻底忘记,没有在我们的大脑中留下任何痕迹。一种很常见的情况是某种程度上的遗忘。当我们完全忘记某个意图的时候,会有"我应当正在做什么事"的感觉。这时,你会有一种模糊而不安的感觉,觉得自己应该要做某件事,但是记不起该做什么事或该在哪里做。第二种很常见的情况就是想起了要做某件事,于是着手去做。但是在做的过程中,经常会因为自己全神贯注于别的事情或者被别的事情分心,而忘记了自己要做什么事情。这些情况可能发生在商店、库房,也可能发生在自己家里,你站在一个打开的抽屉或橱柜前面,就是想不起来自己到底要拿什么东西。这就是"我在这里做什么?"的感觉。第三种情况是你计划要执行某个行动,本以为已经完成了,但后来却发现自己漏掉了一些事情。举个常见的例子,你回到家,发现本来打算寄出的一封信还放在桌上。

(3) 检索失败。

检索失败是记忆中最常见的出错方式。而且,你可能已经注意到,随着年龄的增长,出错的情况会越来越多,例如经常无法想起"他叫什么名字?"。

检索失败可能表现为舌尖现象,即自己确定自己知道某个人的名字或者某个单词,但就是想不起来。事实上,你苦思冥想的这个词似乎就在你的舌尖上。总会有一些其他的单词或名字进入你的脑海,但你知道这些都不是自己要找的,这经常会让问题变得更糟糕。但是,你仍会强烈地感觉到这些名字或词语与你要找的东西很接近。或许,你会觉得它与你要找的名字发音很相似,或者音节数相同,甚至与你正在搜索的那个人有关,或者是他的同事。

（4）受到干扰后疏漏。

身边的干扰可能会导致你无法进行必要的检查。例如，你打算去拿一本手册，但是把它从架子上拿下来时碰倒了其他的书。你把碰倒的书放回原处，离开的时候却忘了拿走自己想要的手册。

有些时候，干扰会让人"忘记"后面的工作，或者会让人的注意力转移到其他事情上。还有一些时候，处理干扰的行动会不知不觉地成为原定行为顺序的一部分。例如，你正在泡茶，突然发现放茶包的茶盒空了，于是走到橱柜前，开了一盒新的。然后，你向空的茶壶里倒入开水，却忘了放茶包。

（5）过早退出。

顾名思义，过早退出指的是在没有完成某项工作的所有操作之前就停止了工作，就像没有脱掉袜子就去洗澡一样。当某项日常工作快要结束时，我们的思维会提前跳到下一项工作，这可能会导致我们遗漏上一项工作中最后需要完成的一些步骤。例如，在医院用压缩空气测试氧气分配系统，但在测试完成时，维修人员却让系统继续与空气而不是氧气连接。

3）基于技能的过错

在第 3 章中，我们论述了在熟悉的情境下，行为主要是由无意识习惯引导的。维修人员的技能越熟练、经验越丰富，就越能无意识地完成非常复杂的任务。在日常生活中，我们只需要很少有意识的注意力就可以在开车时换挡、系鞋带、梳头发或者接电话。维修工作包含很多熟悉的情景，从而形成无意识的日常技能，如果没有这些技能，工作进展将会非常缓慢。关上检修盖、加注液体、拉下断路器、拧紧螺丝和检查压力等这些维修操作都可以不知不觉地成为基于技能的习惯性操作，因为它们都是相对可预测的日常工作。

人们不一定会选择以这种方式来完成任务。不管我们喜欢与否，在熟悉的情景中，我们的行动都会逐渐形成无意识技能。有时，当这些无意识技能促使我们做一些从未想过的事情时，我们才意识到它在后台运行。美国心理学先驱威廉·詹姆斯（William James）在 1890 年发现，如果询问人们如何完成一个熟悉的动作,大多数人的回答都是:"我不知道,但我的手从来不会出错。"[5]

有一个很好的测试可以检测一项任务是否达到这种自动化程度,那就是考察这个人能否在执行任务的同时进行交谈。驾驶技术不熟练的司机在接近转弯或是通过交通繁忙区域时,会停止交谈。一旦我们形成了处理这些情景的习惯性技能,我们的注意力就可以放在其他任何地方了,我们甚至可以一边开车一边交谈、听收音机或者计划晚餐。

当无意识习惯以我们从未想过的方式控制我们的行动时,就会产生行为过错。例如,一个电工要换一个灯泡,灯泡旁边有一个指示,告诉我们液压开关处在打开或是关闭状态。液压系统当时正在工作,电工知道启动系统是不安全的。但是,换好灯泡后,在意识到自己的行为之前,电工已经习惯性地将开关推到打开的位置,以测试灯泡能否正常工作。

我们的无意识习惯就像强盗一样随时等着控制我们的行为。基于技能的过错可能特别危险,我们会发现,无意识思维会使自己做出在有意识思维的情况下决不会想到要做的事情。

图 4.1 给出了典型行为过错的主要特性。想象一下,你正在执行一项非常熟练的日常活动,比如用电水壶烧开水来制作饮料。再想象一下,有一位客人要喝茶,而你自己习惯喝咖啡。你走进厨房,在水壶里加上水,然后烧水。同时,你开始考虑一些在当时很重要的事情。结果,你错过了选择点,在两个杯子

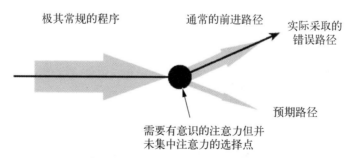

图 4.1　典型行为过错的主要特征

注:灰色箭头的宽度表示习惯的相对强度。

中都加入了速溶咖啡，并倒上了水。在这种情况下，厨房活动程序就好比是图中左边的箭头，右面两个箭头中较粗的是制作咖啡的日常行为，较细的箭头则是泡茶的日常行为。你错过了选择点，你的行为依然沿着熟悉的路线运行，就像在轨道上一样。只是这一次，情况变了，它属于心不在焉造成的过错。

在日常生活中，这种行为过错的例子还包括你周六早上本来打算去商店，结果却习惯性地开车去了办公室；或者，你打算在回家的路上停下来买些生活用品，但却径直走过了。前者是分支差错，后者是过度差错。

分支差错，顾名思义，指的是会产生两种不同结果的行动，不过初始阶段具有共同的路径。在前面制作饮料的例子中，烧开水是达到多种目标的第一阶段，泡茶、泡咖啡、快速煮蔬菜等都需要开水。这些疏忽的关键特征是采取了错误的路径（即并非当时想要采取的路径）。这一错误路径总是比当时想要采取的路径更为熟悉，使用频率也更高。所以，过错是由于日常工作的改变而引起的（如前文所述的泡茶疏忽）。如果日常工作没有变化，可能就不会出现差错，因为不管是否分心或思考别的事情，行为都会自动发展为正常结果。过度差错与此类似，只是忽略了与常规模式不同的一些预期偏差。

现在我们知道，心不在焉造成的行为过错并非随机事件。它们有可预测的模式，并且与以下三个明确的原因有关。

（1）在熟悉的情况下，完成日常的习惯性任务。

（2）注意力被一些无关事件吸引而出神或分神。

（3）行动计划或周围环境有所改变。

这些原因看似是相互矛盾的，心不在焉造成的过错是我们对熟练技能付出的代价，也就是说，我们本来在很大程度上能够用无意识模式控制日常行为，但是由于心不在焉而出错。因此，在熟悉的环境中执行熟练的习惯性任务时，很可能会发生疏忽和过错。当然，我们在学习一项新的技能时也会犯错（例如刚开始学习如何使用计算机键盘的时候），但这些错误通常是因为没有经验或缺乏运动协调能力造成的。

注意力是一种有限的资源。如果要注意某件事,则必然会减少对其他事情的注意。"走神"的原因是我们将有限的注意力几乎全都放在了与手头工作无关的事情上。如果放在内心的担忧上,我们称为"出神";如果放在周围发生的事情上,我们称为"分神"。无论是哪一种"走神",都是引起行为过错必不可少的条件。心不在焉时,我们不会注意到任务中的一些关键选择点。

许多行为过错都是在特定情景中进行常见或习惯性行为时出现的,我们称为"过于熟练而出错"。错误行动往往具有一致性,它们根本不是当时的意图。过错的起因是内心意图或局部环境发生了某些变化。如果没有发生这些变化,事情将会像我们预期的那样,沿着惯常的轨迹发展。因此,任何一种变化都非常容易导致差错。

4.3　基于规则的错误

在大多数情况下,维修人员都受过大量的培训,而且他们的工作是高度程序化的。这意味着,他们的绝大部分错误,即在确定意图或问题解决方案层面上的失败,都可以理解为违反了适当的规则或程序。规则可以通过训练和经验而存在于维修人员的大脑中,或者可以写入手册和标准操作程序中。

在与维修相关的活动中,基于规则的差错主要表现为以下两种方式。

- 误用好的规则(假定)。即可能将一个很好的规则应用于并不适合的情况,也许是因为习惯或者没有发现环境的变化。
- 应用坏的规则(习惯)。在这种情况下,应用坏的规则也许能够完成工作,但会出现非预期的后果。

一方面,违规(未应用好的规则)是另一类不安全行为,它与差错有许多重要的区别。在下文中,我们将把误用好的规则和应用坏的规则视为简单的基于规则的错误。另一方面，违规本身就很重要，应该单独处理，即使它们可能（且经常性地）包含错误。

1) 误用好的规则（假定）

一个"好的规则或原则"在过去已经证明了其价值。这种规则可以写下来，或者作为"经验法则"存在。在一些情况下，可能会出现误用好的规则的情况，这些情况具有规则所预期的许多共同特性，却忽略了显著的差异。例如，维修人员可能制订了这样一个规则，即正确的轮胎压力的具体数值。只要情况没有任何变化，上述类似假设就可以正常工作，但是如果遇到与规则不同的情况，那么这种规则将会导致错误。由于不同的问题往往具有共同的要素，因此应用问题解决的规则通常很复杂。换句话说，对于既定的问题，有些迹象表明应该使用常用规则（因为有用所以常用），还有一些迹象表明应该使用不太常用的规则。

维修机组已开始对一架双发喷气式飞机进行 A 级检修。有一项规定要求在检修时关闭发动机上的反推装置，尽管不需要对反推系统进行检修。于是该维修机组就关闭了反推装置，由于未规定要在缺陷记录本上记录这一操作，因此未做任何记录。在换班后，第二班维修机组完成 A 级检修。工单上要求系统恢复运转，然而，由于未对反推系统执行任何操作，因此该班机组根本就没有想到反推装置已关闭，也没有检查锁定板的状态。这样飞机就带着不能使用也没有文件记录的反推系统起飞了。

在上述案例分析中，第二班维修机组假定第一班机组已经做好了飞机的飞行准备工作。显然，这一假定并不是随意出现的，而是基于当时所使用的文件记录程序。在这次事件（以及其他类似事件）后，航空公司修改了程序，以便能够更明确地详细说明一些重要的任务步骤。

另一个涉及假定的维修差错发生在 1994 年。当时一架波音 747-200 飞机在新东京国际机场成田机场着陆时坠落,造成 1 号发动机拖曳刮地[6]。事故发生的直接原因是配件的保险栓位置发生了移动。反过来说,是因为在大修期间没有更换该保险栓的辅助紧固件。在检修该部件前,一名检查人员已经在工单上将更换辅助保险栓紧固件的步骤标注为"N/A"(不适用)。事实证明他是错误的,但是他出错的原因是可以理解的。在全世界发生一连串的保险栓事故之后,波音公司才刚开始要求所有这类波音 747 飞机都要安装辅助紧固件。但是,当时该航空公司旗下的 47 架波音 747 飞机中只有 7 架进行了改装。所以,检查人员认为这架飞机不需要安装辅助紧固件,他甚至没有发现辅助紧固件被拆了下来。这是一个基于规则性的差错,根据一般的"经验法则",并不需要辅助紧固件。不过,这架飞机是少数几架改装飞机之一,因此是这一"规则"中的一个例外。

2) 应用坏的规则(习惯)

很多人在进行一项工作时会养成一些坏习惯,这些坏习惯会成为一个人既定工作习惯的一部分。没有人去纠正这些坏习惯,似乎也能完成工作。而且,在大多数情况下,并不会出现坏的结果,至少在坏习惯或规则的缺点暴露之前不会出现坏的结果。例如,无论是地面移动设备还是飞机,在液压驱动系统对任何设备进行液压增压前,好的规则是确保在液压装置关闭时不触动任何控制装置。否则,一旦启动液压装置,系统突然开始运转,就会发生不良意外情况。维修人员可能会采用一个坏的规则来开展自己的工作,只需马上按下"启动"开关,就能启动液压装置。因为没有遇到意外,他们也无从得知自己应用的是一个坏的习惯或规则。但是,假如有人移动过停放飞机的襟翼或起落架手柄,这个坏的规则就会诱发严重的危险。

对于使用坏的规则所诱发的最悲惨的事故,可能是 1988 年在卡立芬交会站发生的火车相撞事故(见第 6 章)[7]。一列向北行驶的通勤列车在通过绿灯

后,撞上了一列停着的火车的尾部,造成 35 人死亡,500 人受伤。事故的主要
原因是信号灯故障。故障原因与前一天重接信号电线的技术员的工作习惯有
着直接的关系。技术员没有剪断或固定住旧的电线,只是将它们反方向弯曲起
来,也许他认为这么做是正确的。他还有一个习惯,就是重复使用旧的绝缘胶
带(另一个坏习惯),但是这一次根本没有在电线裸露端缠绕绝缘胶带(一个违
规)。结果,电线接触到邻近的设备,造成"错误方向"信号故障。案例中讨论的
技术员是一个工作非常上进,也很努力的人,但在他 12 年的工作生涯中,从未
接受过任何适当的培训。他通过观察别人,自己尝试掌握了工作技能。结果,
他的坏习惯(规则)没有得到纠正,最终酿成事故。

4.4　基于知识的错误

在第 3 章中我们已经介绍过技能、规则与知识的区别。回想一下,当我们
面对新的问题或情况,必须回到基本原理来理解要采取什么行为时,就要采用
基于知识的问题解决方法。一项对飞机维修人员工作的分析发现,他们处理这
种情况所花的时间还不到 $4\%^8$。

例如,艾伦·霍布斯谈到自己与一名经验丰富的维修人员一起工作时的经
历,这名维修人员当时正在对一架波音 767 飞机的货舱进行例行检查。他在货
舱的地板上发现了一些结块的晶体粉末,有一部分散落在货盘的辊子上。这些
粉末是从哪儿来的? 它对飞机有威胁吗? 它是否会引起适航问题? 他抓了一
点在手上,闻了闻,判断这些粉末是溢出的食物原料。于是,清扫干净该区域,
然后结束检查。

虽然大多数需要基于知识解决问题的情况,如上述例子,最后都能顺
利解决,但这些任务是维修人员所面临的所有情景中出错率最高的。在采
用基于知识的问题解决方法的过程中,可能会因为两个原因出错,一是问

题没有解决，二是缺乏系统知识。下面的案例中列举的差错就涉及这两个问题。

> 我想打开无线电组件，但没有找到，因为开关标注不清晰或者难以辨认。我不太熟悉这架飞机，所以我问了正在飞机上工作的一名机身维修工程师，他指着一个红色的摇杆开关。我有些怀疑，他说肯定就是这个。我按下开关，右发动机开始转动，螺旋桨差点打到一个正在检查发动机的工人。这架飞机上根本没有无线电组件。我马上给"启动"开关和其他开关做了标记，通过这件事，我学到了宝贵的一课。

如果某人是第一次执行任务，则很可能会出现基于知识的差错。下面的案例可以说明。

> 一架大型双发喷气飞机的刹车要进行改装。一名持有相关执照的维修人员是第一次做这项工作，他对文件的理解有误，将一个部件装反了。另一名做过这项改装的工人发现了这个错误，并在飞机起飞前纠正了这一差错。

虽然缺乏经验的维修人员最可能出现基于知识的差错，但即使是有经验的人员有时也会出错。新的或不熟悉的任务、不同寻常的改装或者难以诊断的故障都会导致基于知识的差错。近 60% 的维修人员表示，即使不确定做得是否正确，他们还是会继续完成自己并不熟悉的某项工作（见图 4.2）[9]。其可取之处在于，人们通常能意识到自己面临的是一个新的问题，并且能够寻求帮助，无论是技术支持还是同事的帮助。

在过去的一年里，你是否经常会做某项不熟悉的工作，尽管你不确定自己是否做对了？

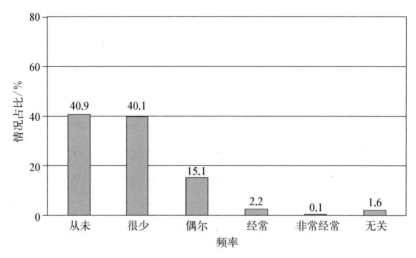

图 4.2　航空维修人员是否在不确定怎么做的
情况下继续做不熟悉的工作

资料来源：《飞机维修安全调查结果》——霍布斯和威廉姆森（堪培拉：澳大利亚
交通安全局，2000 年）。

4.5　违规

到这里，我们已经讨论了一些典型的人为差错类型。但是，还有一种重要的危险行为与前面讨论的差错类型有很大不同，就是违规。近年来，心理学家和安全研究人员开始发现，这些行为在非常注重安全的工作场所（如维修）中普遍存在。我们知道，在石油生产、医药和核能发电等各种不同的行业中，操作人员有时会偏离标准程序，走捷径。大多数维修工作都被严格地管理，维修人员履行职责时应能遵守法律规定、制造商的维修手册、公司的程序和不成文的安全行为规范。但是出于善意而增加规章和程序也许会缩小员工的允许行动范围,以至于员工可能会发现很难在不违反规定的情况下完成工作。

虽然在某些情况下,差错和违规之间的区别可能很模糊,尤其是当违规行为本身就是一个错误,或者当违规者并不知道不遵守规章会带来的后果时,但是它们之间有重要的区别,总结如下:

- 是否故意。疏忽、过错或错误都不是故意的。而人们违反程序通常都是故意的(除非已经根深蒂固,成了一种习惯)。但是,特别应当注意的一点是,虽然人们可能故意采取不合规的行为,但在通常情况下,并不意味着会带来偶然的坏结果。只有破坏者会故意违规操作,同时又期望它们产生坏的结果。

- 信息与动机。差错是由信息问题引起的,通常可以通过改进人的头脑或工作场所中的信息得以纠正。而违规主要是由动机因素、信仰、态度和规范以及整个组织文化引起的。如果要减少不遵守良好规则的情况,就要从这些方面着手改善。

- 人口统计学。男性比女性违规多,年轻人比老年人违规多。但差错并不存在这种规律。

新的研究正在揭示违规的发生率。都柏林圣三一学院的研究人员针对欧洲航空公司进行的一项研究显示,34%的维修工作都违反了正式的程序[10]。在前面提到的澳大利亚的调查报告中,有 17%的维修事件都涉及违规[11]。

飞机维修中的违规现象非常普遍,甚至会让航空公司的管理人员感到震惊。维修中常见的违规如下:

- 参考未经批准的说明或者"黑皮书",而不是经批准的资料。
- 偏离了正式的书面程序。
- 在开始工作前,没有让系统处于安全状态,可能仅仅是因为周围看起来好像没有人。
- 在维修程序结束时,没有按要求进行功能检查。
- 在工作中没有使用正确的工具。

● 对未实际执行的检查签字。

4.6　违规类型

违规和差错一样，都有许多不同的形式，主要分为以下三大类：

● 例行公事式违规。这类违规企图避免不必要的努力，快速完成工作，企图展示自己熟练的技能或者规避不必要的烦琐程序。

● 寻求刺激或最优化刺激式违规。人们有很多目标，但并非所有的目标都与工作有关。这类违规往往是由于逞能、避免无聊或者仅仅是为了追求刺激导致的。

● 情景式违规。在某些情况下，如果严格遵守程序就不可能完成工作。此时，问题的症结主要在于程序的制订者。

1）例行公事式违规

针对澳大利亚维修人员的调查表明，例行公事式违规是不安全行为中最常见的一种形式[12]。调查发现，超过 30% 的维修人员在任务没完成前就已经签字，90% 以上的人曾有过不使用正确工具或设备完成某项工作的经历，还有类似比例的维修人员在处理熟悉工作时不参照批准的文件。很多维修人员承认自己在日常工作中出现过例行公事式违规，这些人员很有可能涉及适航性事件，导致飞机延误、返航等。

这些走捷径的违规行为还有可能使违规演变成维修人员日常工作中的正常行为。换句话说，它们是在技术性工作中逐渐形成的。最省力原则是影响人类行为的主要因素。

2）寻求刺激或最优化刺激式违规

与机器人不同，人是有着多种需求的复杂生物。有些需求可能与有效地完成工作有关，但是另一些则源于更多的个人欲望。结果，这些关于工作的需求与个人需求的满足交织在一起。比如,一个车辆驾驶员的需求是从 A 点到 B 点,但在这个过程中,驾驶员(通常是男性驾驶员)可能为了追求速度,放纵自己争强好胜的本能。然而,当人们为了满足这些基本的本能而出现差错时,会诱发严重的问题。违规行为本身所造成的伤害并不一定比我们违反安全操作程序时所造成的差错的伤害更严重。

在通常情况下,现代汽车以 110 英里/小时(177 公里/小时)的速度行驶并不足以导致车祸,但是以这种速度驾驶对于驾驶员来说很可能是一种相对陌生的经历。因此,驾驶员更容易误判车辆的操纵特性。这样就会产生两个不良后果:不仅出现差错的可能性很大,而且这一差错导致不良后果的可能性也更大。违规加上差错就等于灾难。

这种优化非功能性目标的倾向可能会成为个人工作方式的一部分。这对于年轻男性来说尤其如此,对于他们来说,挑战极限是一种自然本能。18~25 岁年龄段的年轻男性发生道路交通事故导致死亡的危险性最高,这绝非偶然。如前文所述,就差错责任而言,至少在正常的工作年限内,这种年龄和性别的差异并不明显。

在维修中,寻求刺激或最优化刺激式违规并不像走捷径或例行公事式违规那么普遍,但有时也确实会发生。事实证明,恶作剧是最优化刺激式违规的一种普遍形式。即使是牵引飞机都有可能出现最优化刺激式违规,如下文案例所述。

飞机在终端区,需要牵引到跑道上。当时一名维修人员正在发动机里修理可调进气导向叶片,启动辅助动力装置以提供液压(但没有为发动机供给空气)。一名检查人员建议,为了节省时间,在把飞机牵引到跑道的过程中,这名维修人员应该继续留在发动机里工作。于是,在牵引飞机的时候,那名维修人员仍然留在发动机里。对于此提议是否可行,维修人员之间曾经有过争议,这样做大约节省了 10 分钟时间。

3）情景式违规

假设你被要求检查你很信任的同事刚完成的一项任务。检查结束后你需要在报告上签字，以证实他们已经正确完成了任务。然而这项检查工作只有移掉各类检修口盖才能看到检查的区域。当你准备去检查的时候，你发现同事已经将所有口盖都装回去了。那么，除非你拿掉口盖，否则你无法知道他们到底都做了什么。这时你会怎么做？类似这种情形很容易造成情景式违规。

不愿出力、寻求刺激、炫耀、逞能和展示技能之类的个人动机对例行公事式违规和寻求刺激或最优化刺激式违规有着重要的影响，而情景式违规则是由于工作环境和工作程序不匹配而产生的。情景式违规的主要目的仅仅是为了完成工作。与工作人员相比，问题与整个系统的关系更大一些。下述铁路的案例将阐明这一观点。

扳道工（在美国称为"司闸员"）的工作是将火车车厢连接起来（见图4.3）。在英国，操作规程禁止扳道工在搭接操作中（即调车机车将车厢推到一起时）停留在两节车厢之间。扳道工需要用一根长长的杆子来连接各个车厢。但是有的时候，减震器已经伸展到最大限度，但由于链扣太短而导致车厢无法连接在一起。为完成连接工作，扳道工不得不在减震器压缩的时候站到两节车厢之间挂上链扣。然而，对许多人来说，这种单独的、基于知识的行为可以成为一种基于技能或日常例行的工作。这样做显然是节省了工作量，既然两节车厢之间的减震器相距3～4英尺（0.9～1.2米），那么看起来扳道工在两节车厢之间也是相当安全的。当扳道工在违规操作时出现差错或者分神时，就会发生意外事故。过去，曾发生过多起与调车操作相关的伤亡事故，在大部分的事故中，扳道

图4.3　扳道工的工作：连接火车车厢

工都被车厢之间的减震器压死或者掉入车轮下被碾压。很显然,这些事故的原因都是在违规的同时出现了差错(违规＋差错＝灾难)[13]。

在维修工作中,会遇到很多出现情景式违规的情况。维修人员常常面临进退两难的境地。一方面,雇主敦促他们遵守程序;另一方面,雇主又经常要求他们在紧迫的时间内完成工作。一名机修工做了这样的总结:"管理层告诉我们要不折不扣、严格地遵守程序,但是随后他们又告诉我们不要误事,要使用常识判断。"[14]虽然很多违规行为的后果可能相对来说无足轻重,但是一些情景式违规可能会引起特别严重的后果,特别是当违规解除了系统设置的防御措施或安全网时。在针对澳大利亚维修工人的调查中,30％以上的工人报告说,他们曾经因为时间不足而决定不执行原本要求进行的功能检查[15]。

下面的案例分析向我们举例说明了这样一个场景。

> 一架波音 747 飞机在更换了一个发动机油管后,正准备进行首次飞行。发动机运转时出现漏油,维修人员拧紧了疑似漏油的油管接头。他们计划让发动机再运转一次,来检查一下接头,但这时牵引车已经到了,技术人员也跟随飞机到达机位,在机位上让发动机进行"空转",用起动机带动发动机进行旋转,没有出现漏油。后来,在飞行过程中由于这台发动机漏油导致发动机空中停车,飞机不得不转场。在这个案例中,感觉相关人员并没有犯很大的错误,似乎只是省去了一些步骤。但正是因为这些差错诱发了一个代价高昂的事件。

并不仅仅只有一线的维修人员会出现情景式违规。1998 年 5 月,澳大利亚皇家海军补给舰"Westralia"号的一根燃油软管爆裂,柴油喷到一台热发动机上,导致船只起火[16]。4 名船员在灭火过程中丧生。这艘舰船当时刚进行过维修,维修人员将刚性燃油管换成了挠性软管。这种类型的改装原本需要根据海军的正式配置更改流程进行处理，同时还要征得劳氏船级社的批准。但是，他们显然绕过了正式的批准程序，安装了不合适的软管。调查发现，规避海军正式配置更改流程的事情时有发生，但其出发点通常是好的。

4.7　维修差错的后果

区分不同形式的维修差错并不仅仅是一项学术工作。了解不同形式的差错非常重要，因为不同的差错往往会导致不同的结果。图 4.4 基于针对澳大利亚的维修工人的研究结果，显示了诱发维修质量事件（威胁飞机安全或运行的事件）的差错和诱发工人安全事件的差错所占的比例。诱发维修质量事件的第一大类差错是记忆失败，占该类别差错的近三分之一；第二大类差错是违规行为和基于知识的错误。

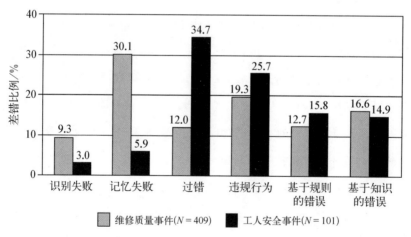

图 4.4　诱发维修质量事件和工人安全事件的差错比例

现在比较诱发工人安全事件的差错类型，即维修飞机时导致人员受伤或处于危险之中的差错类型。图 4.4 显示，虽然违规行为、基于规则的错误和基于知识的错误也占据很大的比例，但是过错却是最频繁发生的差错类型。记忆失败很少会导致健康和安全事件。

简单地说，导致人员受伤的差错可能不同于影响维修工作质量的差错。这两种后果都应该得到重视，不过两种后果可能需要不同的干预措施。目前，个人在健康和安全方面的努力可能对维修质量影响不大，反之亦然。

4.8　小结

本章明确了三种基本的差错类型，即技术性差错、错误和违规。技术性差错又分为三类，分别是识别失败、记忆失败和基于技能的过错。错误可以分为两大类，即基于规则的错误以及基于知识的错误。一般情况下，基于规则的错误不是涉及误用好的假定，就是与坏习惯有关。虽然字面意思看起来如此，但是基于规则的错误通常并不涉及故意违反程序。基于知识的错误可以反映问题解决失败，或者缺乏系统知识。

接着，我们还讨论了维修中的违规行为造成的影响，确定了三种类型的违规，即例行公事式违规、寻求刺激或最优化刺激式违规以及情景式违规。

最后要强调的是，虽然差错和违规可能会带来不好的结果，但它们本身并不是坏事。每种差错类型都与通常有用的自适应心理过程有关，它们并不是孤立发生的。下一章将讨论工作环境中诱发差错的局部因素。

注释

1　See J. Reason, *Human Error* (New York: Cambridge University Press, 1990) for a more detailed discussion of the nature and varieties of human error.

2　C.G. Drury and J. Watson, 'Human factors good practices in fluorescent penetrant inspection', *Human Factors in Aviation Maintenance* (FAA/Human Factors in Aviation Maintenance, 1999); C.G. Drury and J. Watson, *Human Factors Good Practices in Boroscope Inspection* (FAA/Human Factors in Aviation Maintenance, 2001), <http://hfskyway.faa.gov>.

3　Air Accident Investigation Branch, *Report on the Accident to BAC One-Eleven*, *G-BJRT over Didcot Oxfordshire on 10 June 1990* (London: HMSO, 1992).

4　A. Hobbs, 'The links between errors and error-producing conditions in aircraft maintenance', Paper given to 15th Symposium on Human Factors in Aviation Maintenance, 27 – 29 March 2001, London.

5　W. James, *The Principles of Psychology*, *Vol. 1* (New York: Dover Publications, 1890), p. 115.

6　National Transportation Safety Board, *Maintenance Anomaly Resulting in Dragged Engine during Landing Rollout*, *Northwest Airlines Flight 18*, *New Tokyo International Airport*, *March 1 1994*, NTSB/SIR – 94/02 (Washington, DC: National Transportation Safety Board, 1995).

7　A. Hidden, *Investigation into the Clapham Junction Railway Accident* (London: HMSO, 1989).

8　A. Hobbs and A. Williamson, 'Skills, rules and knowledge in aircraft maintenance: Errors in context', *Ergonomics* 45(4), 2002, pp. 290 – 308.

9　A. Hobbs and A. Williamson, *Aircraft Maintenance Safety Survey — Results* (Canberra: Australian Transport Safety Bureau, 2000).

10　N. McDonald, S. Cromie and C. Daly, 'An organisational approach to human factors', in B.J. Hayward and A.R. Lowe (eds), *Aviation Resource Management* (Aldershot: Ashgate, 2000).

11　Hobbs, op. cit.

12　Ibid.

13　R. Free, 'The Role of Procedural Violations in Railway Accidents', Ph.D Thesis, University of Manchester, 1994.

14　A. Hobbs, 'Maintenance mistakes and system solutions', Asia Pacific Air Safety, 21, 1999, pp. 1 – 7.

15　Hobbs and Williamson, 2000, op. cit.

16　Department of Defence, *Report of the Board of Inquiry into the Fire in HMAS Westralia on 5 May 1998* (Canberra, Australian Capital Territory, Department of Defence, 1998).

第5章 诱发差错的局部因素

在第 2 章中,我们知道人为差错并不是随意出现的,而是由人所处的环境和任务因素所造成的。工作场所中诱发差错的条件通常称为局部因素,也就是说,在差错发生时,这些因素出现在了周围环境中。图 5.1 围绕第 4 章所介绍的差错类型列出了这些因素。差错也可能反映机构中深层次更大的系统问题。我们将在后面的章节讨论这些"上层"问题。

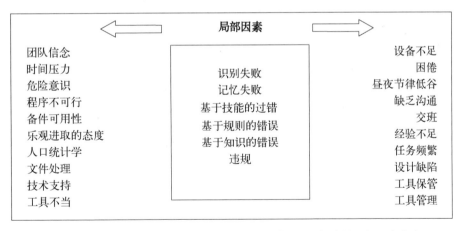

图 5.1　诱发差错的局部因素(外面的方框)中的维修差错(中间的方框)

许多潜在的局部因素可以影响员工的表现,使其做出好或不好的行为。国际民航组织(ICAO)列举了包括炎热、寒冷、厌倦、营养问题甚至牙疼在内的 300 多种影响因素[1]。然而,最终经验表明,在维修事故和事件报告中反复出现的局部因素数量相对有限。

这意味着，在考虑工作场所和增加差错可能性的因素时，可以重点关注相对容易管理的问题清单。在下文中，我们将考虑维修工作中的关键因素及其可能诱发的各种差错。

5.1　文件处理

维修工作的开始和结束通常都会涉及文件处理。文件处理不仅可以传递与执行任务相关的指令，而且可以通过记录任务的完成情况和系统的干扰程度在交流中起到关键作用。

一项针对航空公司维修人员日常活动的研究发现，他们大部分时间根本没有接触飞机，而是在使用卡片资料、技术日志、工卡和维护手册或者在验收任务[2]。对工作越陌生，在文件处理上花费的时间就越长。文件处理可以指导新的或不熟悉的工作的执行；但是，随着人们对一项工作越来越熟悉，他们就越少用到文件资料。这样做会有风险，特别是在程序发生变化时。

由于纸质记录在维修中很重要，因此很多事件发生的核心原因是文件资料设计不合理，这并不奇怪。程序模棱两可、冗长或重复很可能会导致差错。程序不可行或不现实可能会导致违规。虽然重新编写机构的文件资料可能并非短期内可实现的目标，但仍然可以逐步做出一些改进。例如，简明的英语可使维修文件的语言更简洁易懂，尤其是对于第二语言为英语的员工[3]。即使是页面设置、图表和警告方面的细小改进都有助于减少差错。例如，尽管多年来人们一直知道使用大写字母书写的文本比使用大小写混合字母书写的文本阅读难度大，很多公司仍然使用大写字母打印维修资料。用正常的大小写混合字母打印文本代替大写字母打印文本可以使阅读速度提高 14%[4]。

5.2　时间压力

在航空领域,维修人员从飞机飞行初期就面临着让飞机重新投入使用的压力。但由于运营商竭力降低飞机的停飞时间,这种压力已成为大部分维修人员的工作常态。这样会产生一种特殊的风险,维修人员在现实与时间的双重压力下很容易走捷径,让飞机更快地重新投入使用。

维修系统内制订了用于捕获关键任务差错的安全措施,如独立检查和功能测试等。这些捕获差错的安全措施通常设计在工作即将结束的时候,这时正是维修人员压力最大的时候,也是最想要省去或缩减程序的时候。

在前面提到的维修人员调查中,提到最多的事故诱发因素就是时间压力。特别值得注意的是,32%的受访者在报告中说,他们有过因时间紧张而没有完成原定要求的功能检查的情况[5]。在当时,这个决定看起来是安全合理的,但在压力下做出的决定不见得经得起事后的检验。

5.3　工具保管和工具管理

在远程水上飞机的黄金时代,在飞机上工作的维修人员有一套简单而有效的工具管理方法。如果是在水上进行作业,则把螺丝刀和其他工具拴在麻绳上。工具保管,包括工具和设备的追踪方式,是增加或减少差错出现概率的重要局部因素。这种保管延伸到对维修中使用的所有物品进行追踪,例如抹布和拆下或拆开的部件。

军用机修工使用部队提供的工具,存放在工具架或工具箱内,而民用机修工通常都有自己的工具。然而,只要工人自己保管工具就无法实现较为严格的工具管理。外科手术中采用的棉签和仪器计数方法就降低了将手术器械缝入患者体内的概率。

从根本上说，一个单位的工具保管制度反映了人们的观念和工作方式。一方面，将拆下来的紧固件放在显眼的地方，就好像在说"我觉得下一个接班的人可能不知道这些部件被拆下来了，因而需要放在明显的地方加以提示。"另一方面，把部件放在就近的台架或工作台上，需要假定人们能根据这一信息完整地勾画出所发生的事情。不妥善的工具保管和工具管理会增加基于规则的错误和记忆失败的可能性。

制订工具和器件的管理和保管方法不仅是为了方便，它还是一种重要的沟通方式，可以让人们了解情况，降低差错发生的概率。我们将在下一节对沟通进行详细阐述。

5.4　协调与沟通

虽然维修人员的个性各有不同，但是我们对维修人员的总体印象是沉默寡言、做事安静、不大惊小怪。然而，一些最严重的维修差错就是因为缺乏沟通造成的。

最近有一份调研要求美国的高级机械维修师列举出工作中最具挑战性的内容[6]。答案中出现最多的就是"人际关系或与人打交道"的问题。团队协作需要的不仅是技术知识，我们经常会忽略发展人与人之间沟通技能的需要。美国国家安全委员会委员约翰·戈利亚（John Gogila）自己也是一位维修技术员，他指出："维修经理和技术人员的技术能力很强，他们在工程上下了很大功夫，但有时缺乏沟通能力，因而很难保证当今复杂操作的安全性。我们需要更好地平衡技术技能和社交技能。"[7]

在前面提到的维修人员调查中，12％的受访者反映了误解、缺乏团队协作或沟通及基于规则的错误等协作问题[8]。在很多情况下，人们会对自己的工作进行隐含假设，而没有互相进行沟通和确认，此时配合协作就会出现问题。有时,维修人员担心如果过于认真地检查同事的工作或询问太多问题,可能会冒犯其他同事。

下面的案例阐述了由隐含假设和缺乏沟通所产生的协作困难。

> 我们两人在进行飞机签派。前转向旁通销钉没有拔下来,飞机开始滑行,发现没有转向响应,于是停了下来。拔下销钉后一切运行正常。这是一项重复性的维修工作,我们却都以为对方已经拔下了销钉。

还有一些情况,因为文化障碍和不够果断造成沟通不畅,如下面的案例所示。

> 一位机身和发动机维修人员没有正确固定油管,我虽然发现了,但没有说出来,因为电子维护工程师对发动机和机身系统的建议不受欢迎也不被重视。

现在,很多大型航空公司会对机组人员进行任务委派、沟通、管理和领导等非技术性技能的培训[9]。人们越来越认识到,这类技能培训无论是对机组人员还是对维修人员都同等重要[10]。我们将在第 8 章中进行详细介绍。

5.5　工具和设备

对工作质量影响最大的局部因素就是工作中用到的工具和设备。

在澳大利亚的一项调查中发现,第二大类最常提到的原因是设备不足,最常见的是缺少恰当的地面设备或工具[11]。例如,没有找到所需的工具而临时想办法。很多设备问题常常会导致维修人员自身遇到危险。

> 　　我们在前货舱有一些工作要做，所以想尽快完成工作，这样就可以利用发动机支架进入货舱。支架顶端比货舱地板还低 4 英尺（1.2 米），使用它只是因为这是附近唯一可用的支架。一个维修人员从货舱出来时绊了一跤，掉到了支架上，然后又跌落到了地面。

　　在其他情况下，地面设备或工具的设计也是造成事故的部分原因。

> 　　上一轮值班人员在飞机上安装了一个特殊工具，但在用完后忘了拆下来，而且他们也没有在维修日志上记录这一工具的安装。当我准备拖飞机时，发现了这个工具，并把它拆了下来，可是我不知道这个工具有两部分。因为天黑我没有看到仍留在飞机上的另一部分。等到飞行员进行操纵检查时才发现这个问题。工具上没有加飘带，在事件后才喷成了明亮的红色和白色。

　　维修工具的维护也是维修管理中的一项重要工作，但有时得不到应有的重视。维修人员的应变能力也是一个问题。没有合适的台架可用，可以使用另一个；没有合适的工具，可以再做一个。显然，设备缺乏会导致违规。但违规并不是为了寻求刺激，而是因为要完成这项工作别无选择。如果维修人员因为缺少一件设备而停止工作，则很容易会被管理层发现。但是，"我能做"的态度可以防止这个问题。

5.6　疲劳

　　在工业革命之前，很少有人通宵工作。因为自古以来，人类基本上是在白天活动。正如本书第 3 章所讨论的，人的很多身体机能都按照 24 小时昼夜节律的循环规律运行。天黑后,人体内会发生多种变化:体温开始下降,体内的各种化学物质水平也开始发生改变,最重要的是,警觉性开始降低。来自各行各业的统计数据显示,人在凌晨比在一天中的任何时间都更易出现差错[12]。

最新研究表明,轮班工人会经历一定程度的睡眠不足,其对人体的作用后果与酒精类似[13]。在连续 18 小时无睡眠的情况下,人的身体和精神在各方面都会受到影响,类似于人体内血液酒精浓度(BAC)达到 0.05％时的状态。检查极少发生的问题(如某些检查工作)是一项无聊的工作,很容易产生疲劳感。在连续 23 小时无睡眠之后,人的行为状态就像血液酒精浓度达到 0.12％时一样糟糕。

澳大利亚对工程人员展开的调查发现,在过去的一年中,五分之一的工程人员曾连续工作过 18 小时或更长时间,还有人连续工作超过 20 小时[14]。毫无疑问,这些人的工作能力会下降。需要注意的是,疲劳的人就像醉酒的人一样,他们并不知道自己的能力降低到了什么程度[15]。

> 在我连续工作了将近 29 个小时之后,我最后要做的是一项简单的工作——更换发动机部件,这项工作我以前已经做过很多次。然而在部件安装完毕后,我无法集中精力完成正确的装配步骤。我的注意力已下降到连一项最简单的工作都无法完成的地步。

人疲劳后会变得虚弱、易怒,但对于维修人员来说,更主要的问题可能是他们开始难以控制自己的注意力。短期记忆的信息更容易出错,发生记忆失败的可能性更大。

过去人们认为,夜班工人调整工作时间后,他们的昼夜节律发生了逆转或同步。因此,对他们来说,清晨的几个小时就像一天的中午,而中午则是他们最疲劳的时候。然而,我们现在知道,即使是长期的夜间工作,也只会导致 24 小时的周期总体拉平。夜班工人在清晨结束工作时不会像白班工人一样感觉疲意,但他们也无法像白班工人一样靠睡眠来恢复体力。

　　工人的轮班时间和睡眠质量也很重要。尽管有些轮班工人说能够在白天获得充足的睡眠,但与夜晚相比,白天的睡眠总体上较短,也比不上夜间睡眠恢复体力的效果好。维修人员在刚开始轮班时可能会睡眠不足,昼夜节律激发与表现下降比平时更严重。

　　夜间维修除了会带来疲劳外,还会带来其他问题,例如可能得不到或难以获得技术支持,而且监督力度也会有所下降。可能还没有其他能够替代夜间维修的方法,虽然疲劳是必然而且有害的,但我们还是有办法控制它。我们将在第 9 章中讨论疲劳管理问题。

5.7　知识与经验

　　缺乏知识与经验是导致维修差错最明显的局部因素之一。大部分维修人员都有过执行新任务的经历,他们在执行过程中并不十分确定他们是否做对了。从定义来看,这种"试错"行为往往并不可靠。尤其是年轻的工人,他们需要知道前面的"陷阱"。不过,大多数时候是他们自己发现了这些"陷阱"。

　　某项工作是第一次做还是已经做过多次,对维修人员的工作方式有很大的影响。例如,执行维修任务的次数越多,所花费的时间就会越少,这是公认的事实[16]。

　　这并不是说高级维修人员就不会因为缺乏经验而犯错。事实上,如果可以选择的话,高级维修人员经常会寻求更不寻常和更具挑战性的任务。航空机修工有 15％的时间花在了从未做过的工作上,而高级工程师则有 20％的时间花在了这类工作上[17]。枯燥的日常工作有其特殊的危险性,包括更有可能出现心不在焉的疏忽和过错,有些任务需要基于知识的问题解决方案,这些任务比那些了如指掌的任务更容易出错。不论是第一次执行日常任务的新手,还是经常进行改装或检查的高级机修工,上述规律都适用。

管理层吸取的教训是，要特别注意那些维修人员不熟悉的工作。

5.8　不合理的程序

程序设计不合理是导致维修差错的常见原因[18]。例如，在核工业中，近70％的人为因素问题都是因为不合理的程序[19]。有的程序会给出错误信息，有的不适用于当前的工作状况，有的维修人员不熟悉，还有的已经过时、找不到、不好理解或完全不是为这项工作编制的。不合理的程序不仅会导致差错，而且是导致违规的主要原因。

如果认为大多数违规行为都是工人故意而为，那就错了。正如我们所知道的，当人们想要完成任务，但由于工具或情况限制而无法按正规程序完成时，就会做出情景式或必要的违规行为。第 4 章中提到的欧洲航空公司的研究表明，工卡不清晰或程序不明确是维修程序得不到准确执行的一个主要原因[20]。

违规是一种故意行为。人们对不按规章办事的代价和利益进行衡量，当感知利益大于感知代价时，就会铤而走险，甚至会做出违规行为。这被称为"心理经济学"，表 5.1 给出了心理"资产负债表"的贷项和借项[21]。

表 5.1　心理"资产负债表"决定一个人在特定情况下是否会违规

感 知 利 益	感 知 代 价
更简单的工作方式	发生事故
节省时间	伤害自己或他人
更刺激	资产损失
完成任务	维修费用高
展现技术水平	受到制裁或处罚
按时完工	失去工作或晋升机会
逞能	朋友反对

经验表明，在很多不按规章办事的情况中，违规可以让工作变得更简单且实际上并没有明显的不良影响。简而言之，似乎不按规章办事的利益大于代价。针对欧洲航空公司机修工的研究发现，不按规章办事的最常见原因是还有更方便或更快捷的工作方法[22]。

在这方面，管理层面临的挑战不是加大对违规的惩罚力度，而是要尽量提高遵守规章的感知利益。这意味着工作程序不仅要可行，而且给出的工作方式也要是最快、最有效的。由于程序不适用、不得当而造成的工作人员对程序的任何不信任，都会增加违规行为的感知利益。事实上，正如前文所述，在有些情况下，为了完成任务只能做出违反程序的行为，特别是当无法在允许时间内执行正规程序时。即使每个人都知道程序需要改进，但由于正式的改进制度过于缓慢而且烦琐，因此最好还是对这种不可避免的违规行为视而不见。这被称为"执行任务的双重标准"，是维修经理面对的最困难问题之一[23]。

5.9　程序的使用

人们有很多原因不使用书面程序，最重要的一个原因就是很难做到一边看程序一边工作。此外，这也取决于工作人员感知到的与特定任务有关的风险大小。表 5.2 给出了一家大型石化工厂的程序使用情况调查结果[24]。

表 5.2　一家大型石化工厂的程序使用情况调查结果

任　务　类　型	使用率/%
质量关键程序	80(46)*
安全关键程序	75(44)
问题诊断程序	30(17)
常规(包括维修)程序	10(6)

　＊括号中的数字是在假设只有 58% 的受访者表示在执行任务时打开了程序手册的情况下得到的实际估计使用率。
　资料来源：安布雷《创建程序文化来降低风险》，发表于 1998 年 5 月 12—16 日在盖特威克举行的第 12 届飞机维修人为因素国际研讨会。

第一组数据表示工人在从事某类特定活动时的程序使用率。据此,在安全关键型和质量关键型工作中,程序使用率高;而在问题诊断型(即使是安全关键型工作)和维修工作中,程序使用率要低得多。括号中的数字表示这几类不同工作中的程序实际使用率估计值。估计值依据的是只有58%的受访者(超过 4 000 人)称他们在实际工作中打开了程序手册并将其摆在面前。

在很多高度程序化的行业中,工作人员通常会编制自己的工作程序,制订工作完成流程。这些程序被谨慎地保存下来并传给工作团队里的新成员。人们通常称之为"黑皮书"。在程序使用状况调查中发现,56%的操作人员使用过这种非正规程序,而令人吃惊的是,有 51%的管理人员也使用过。

调查还探寻了人们不遵守程序的原因,主要有如下几点:
- 如果不折不扣地完全按程序操作,则无法完成任务。
- 工作人员不知道有相应的程序存在。
- 工作人员更喜欢依靠自己的技能和经验。
- 工作人员认为自己知道程序的内容。

5.10　个人观念: 导致违规的一个原因

不同于错误或者技术性差错,违规是指故意违背程序或安全技术规章。我们对违规原因的了解大多来自关于驾驶方面的研究,道路是研究这一课题的绝佳"天然实验室"。这对于了解不按规章办事的个人原因特别有价值。

针对违规驾驶的研究结果表明,不按规章办事与很多潜在的危险想法以及错误观念有着直接的关系。下面列出了其中较为重要的几项原因[25]。
- 掌控的错觉。违规者高估了自己掌控危险情景结果的能力。

- 不受伤害的错觉。违规者往往会低估自己违规后导致坏结果的可能性。他们相信可以凭借技术规避危险。

- 优越感的错觉。这包括两方面：一是违规者认为自己比别人的技术好；二是他们认为自己不会比其他驾驶员违规倾向高。

- 不能自控。违规者经常会感到无法抗拒违规的诱惑。

- 觉得没有什么过错。违规者并不认为其违规行为是错误或危险的。例如，他们认为，与守法的驾驶员相比，他们的超速行为不那么令人讨厌，不那么严重，也不那么危险。

- 每个人都在这么做。违规者的托词常常是他们只是做了别人都在做的事情，我们称之为"伪舆论"。频繁违规者总是会高估驾驶员中的违规者比例。

还有一种重要的观念与维修人员直接相关——管理人员其实希望我们这样做。维修人员经常会感到自己处于两难境地。管理人员一方面告诉他们不能违反规定，但另一方面又希望他们尽快完成任务。很多人在解决这两方面的冲突时，都认为管理人员坚持遵守规定的做法是虚伪的："只要我们能迅速完成任务，他们就会睁一只眼闭一只眼；但如果我们因为违规操作而发生了事故，是得不到任何同情的。"

5.11 差错与差错诱发条件之间的关系

考虑到各种可能导致差错的因素，我们应当记住特殊的局部因素更容易导致特定的差错。图 5.2 阐明了各种差错与一系列工作条件或因素之间的关系，图中的数据依据的是澳大利亚调查报告中超过 600 例维修事故的分析结果[26]。图中相互靠近的各种差错与因素往往会一起出现。从图中可以看出：

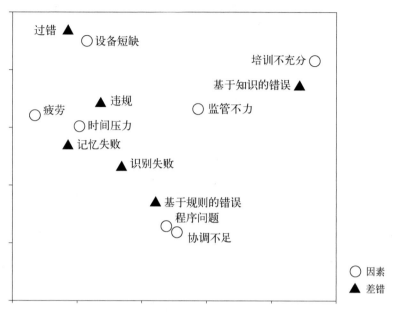

图 5.2　差错与其促成因素之间的关系

- 记忆失败是最常见的一类维修差错，与时间压力和疲劳有密切关系。
- 基于规则的错误与程序问题及协调不足有关。
- 如我们所预料的一样，基于知识的错误与培训不充分有很大关系。
- 过错与设备短缺有很大的关系。
- 违规与时间压力有关。

我们还知道程序问题会造成违规，但这一关系没有在图表中体现出来。

5.12　小结

本章介绍了已知会增加维修差错频率的关键局部因素，包括文件处理、时间压力、工具保管和工具管理、协调与沟通、工具和设备、疲劳、知识与经验、不合理的程序、程序的使用。然后，我们重点讨论了个人观念对于诱发违规的作用。在下一章中，我们将对一些维修事故案例进行分析研究，并对导致差错的组织因素加以讨论。

注释

1　International Civil Aviation Organization, *Investigation of Human Factors in Accidents and Incidents* (Circular 240 – AN/144) (Montreal: International Civil Aviation Organization, 1993).

2　A. Hobbs and A. Williamson, 'Skills, rules and knowledge in aircraft maintenance: Errors in context', *Ergonomics* 45(4) , 2002, pp. 290 – 308.

3　*AECMA*, *A guide for the preparation of aircraft maintenance documentation in the international aerospace maintenance language* (Paris: Association Europeenne des Constructeurs de Materiel Aerospatial, 1989).

4　C. Drury, A. Sarac and D. Driscoll, *Documentation Design Aid Development*, *Human Factors in Aviation Maintenance and Inspection Research Phase VII*, Progress Report (Washington, DC: Federal Aviation Administration, 1997), via <http://hfskyway.faa.gov>. The Document Design Aid provides guidance on the design and documentation of maintenance procedures. It is available at the FAA website.

5　A. Hobbs and A. Williamson, *Aircraft Maintenance Safety Survey — Results* (Canberra: Australian Transport Safety Bureau, 2000).

6　S. Predmore and T. Werner, 'Maintenance human factors and error control', Paper given to 11th Symposium on Human Factors in Aviation Maintenance, 12 – 13 March 1997, San Diego.

7　J.C. Taylor and T. D. Christensen, *Airline Maintenance Resource Management* (Warrendale, PA: Society of Automotive Engineers, 1998).

8　A. Hobbs, 'The links between errors and error producing conditions in aircraft maintenance', Paper given to 15th Symposium on Human Factors in Aviation Maintenance, 27 – 29 March 2001, London.

9　E. Wiener, B. Kanki and R. Helmreich, *Crew Resource Management* (New York:

Academic Press, 1993).

10　Taylor and Christensen, op. cit.

11　Hobbs, op. cit.

12　M.M. Mitler, M.A. Carskadon, C.A. Czeisler, D.F. Dinges and R.C. Graeber, 'Catastrophes, sleep and public policy: Consensus report', *Sleep*, 11, 1988, pp. 100–109.

13　D. Dawson and K. Reid, 'Fatigue and alcohol intoxication have similar effects upon performance', *Nature*, 38, 17 July 1997, p. 235.

14　Hobbs and Williamson, 2000, op. cit.

15　D.F. Dinges, M.M. Mallis, G. Maislin and J.W. Powell, *Evaluation of Techniques for Ocular Measurement as an Index of Fatigue and as the Basis for Alertness Management* (Washington, DC: National Highway Traffic Safety Administration, 1998).

16　B.S. Dhillon, *Human Reliability with Human Factors* (New York: Pergamon, 1986).

17　Hobbs and Williamson, 2002, op. cit.

18　B. Kanki, D. Walter and V. Dulchinos, 'Operational interventions to maintenance error', Paper given to 9th International Symposium on Aviation Psychology, 27 April–1 May 1997, Columbus, Ohio.

19　INPO, *An Analysis of Root Causes in 1983 and 1984 Significant Event Reports*, INPO 85–027 (Atlanta, GA: Institute of Nuclear Power Operations, 1985).

20　N. McDonald, S. Cromie and C. Daly, 'An organisational approach to human factors', in B.J. Hayward and A.R. Lowe (eds), *Aviation Resource Management* (Aldershot: Ashgate, 2000).

21　W. Battmann and P. Klumb, 'Behavioural economics and compliance with safety regulations', *Safety Science*, 16, 1993, pp. 35–46.

22　McDonald, Cromie and Daly, op. cit.

23　N. McDonald et al, *Human-Centred Management Guide for Aircraft Maintenance* (Dublin: Trinity College, 2000).

24　D. Embrey, 'Creating a procedures culture to minimise risks', Paper given to 12th International Symposium on Human Factors in Aircraft Maintenance, 12–16 May 1998, Gatwick.

25 J. Reason, D. Parker and R. Free, *Bending the Rules: The Varieties*, *Origins and Management of Safety Violations* (The Hague: Shell Internationale Petroleum Maatschappij, SIPM – EPO/67, 1993).

26 Hobbs, op. cit.

第6章 三种系统失败案例和组织事故模型

6.1 潜在条件和诱发性失误

在过去的 30 年间,科技水平迅速发展,单一的技术故障或单独的人为差错已不足以导致严重的事故。如果要渗透一个现代工业体系的层层防御措施、屏障及工程化安全措施,则需要几种因素同时作用,每种因素都会造成但又不会单独造成事故,这几乎是不可能的。通过对高科技系统事故的详尽调查,我们清楚地认识到恶性事件通常不是突然发生的。相反,这其中涉及长期存在的系统弱点(即潜在条件)与局部触发事件之间的相互作用。

潜在条件类似于寄生在人体中的病原体。系统中存在着各种诱发疾病的介质(病毒、遗传缺陷等),这些介质往往在很长时间内不会产生任何的不良反应,除非它们与局部条件(各种化学物质、食物或生存压力)相结合才会破坏身体的免疫系统并诱发疾病或死亡。当今人类的死亡原因(如癌症、心血管障碍)多数是这些寄生病原体与局部触发事件共同造成的。

潜在条件来自设计师、生产商、监管部门及高层管理人员的战略决策。这些决策涉及目标设定、时间安排、预算、政策、标准、提供相关工具仪器等。每项决策都可能对系统的某些部分产生一些不利的影响(人手不足、资源短缺等)。

在工作场所,这些决策的局部影响变成了产生差错和违规的条件,如第 5 章中所论述的时间压力、疲劳、工具使用不当、技术经验不足等。这些局部因素反过来又与人的心理相互作用，从而导致不安全行为或诱发性失误，即对系统具有直接影响的差错和违规行为。这种不安全行为可以穿透部分或全部防御层。

潜在条件的观点似乎仅仅是将责任从维修车间转向管理层的一个借口。但实际情况并非如此。所有的高层决策，即使是好的决策，也会对系统中的某些人造成不利影响。就像寄生病原体总会存在于人体内一样，潜在条件在技术系统中是不可避免的。

本章对三起维修事故进行了探讨，每起都涉及不同的技术领域：EMB-120飞机失事（得克萨斯州）[1]，列车相撞（卡立芬交会站）[2]，以及海上石油天然气平台事故（派珀·阿尔法）[3]。研究这些案例的目的是为了证明许多不同的人与事件聚集在一起造成了一线的差错，导致破坏性影响失去控制。此类事件有助于揭示那些通过彼此结合来破坏系统防御、屏障及安全措施且影响广泛的原因链。本章结尾描述了一个模型，将组织事故涉及的各种因素联系在一起。

6.2 EMB-120飞机失事：轮班交接失误

1）事件过程

1991年9月11日，一架EMB-120（N33701）商用客机在飞行过程中解体，在美国得克萨斯州伊格尔湖附近坠落。3名机组人员与机上的11名乘客全部伤亡。事故的直接原因是飞机在飞行中丢失了尾翼上水平安定面左前缘部分固定的防冰罩，从而导致飞机立即发生了严重的俯冲并随即解体。美国国家安全委员会（NTSB）对事故进行了调查，发现在事故发生的前一晚，该飞机曾接受过定期维修，维修人员在操作中拆卸并更换了水平安定面左右两侧的防冰罩。失事现场的调查人员发现安定面左侧防冰罩的上部螺丝不翼而飞。

当年8月份，该航空公司对冬季飞行的飞机进行了全机队范围的防冰罩检查。在这次检查中,一名质检人员发现 N33701 飞机两侧前缘的防冰罩上有一整排的干性小孔。计划安排于 9 月 10 日(也就是事故发生的前一晚)进行更换,工作分两班进行,分别是第二班和第三班。飞机在 21:30 左右即第二班当班时进入机库。

在检查人员的帮助下,第二班的两名机修工通过液压升降台上到离地面约 20 英尺(6.1 米)的 T 型尾翼处(见图 6.1)。第二班的一位主管分配工作。他负责 N33701 上的工作(第二班有两位主管,一名负责 N33701,另一名负责另一架飞机的 C 检)。两名机修工拆掉了右前缘底部的大部分螺丝和部分防冰部件,这时,助理检查人员拆下了右前缘上部的螺丝,然后穿过 T 型尾翼拆下左前缘上部的螺丝。

图 6.1　EMB-120 飞机的 T 型尾翼组件

注:从俯视图中可以看到水平安定面。

第三班的机库主管提前到岗。他们看到第二班的检查人员正趴在左安定面上,两名机修工正在拆卸右侧的防冰罩。于是他们查看了第二班检查人员的交接表,但表上并没有关于 N33701 的内容,因为拆卸上侧螺丝的检查员还没有填写工作日志。后来,第三班的检查员询问了执行 C 检的那名检查员左侧安定面上的工作是否已经开始。检查人员抬头看看尾翼说"没有"。然后,第三班的主管告诉第二班的主管说他会在当班时完成右侧防冰装置的工作,但左侧的更换只能等到下一次。

22:30 时,第二班的检查人员(拆下安定面两侧上部螺丝的那位检查人员)在交接表上写道"帮助机修工拆卸防冰罩",然后就下班回家了。事后,这名检查人员说他把安定面前缘拆下的螺丝放在了液压升降台上的袋子里。

第二班的机修工(拆除右侧防冰罩的那位)和第二班的主管(执行 C 级检查的那位)进行了口头工作交接,他让主管给第三班的机修工传话,主管传话之后便走了。但后来接到口信的这名机修工并没有被派去维修 N33701,不过他后来也记起曾看到升降台上有一袋螺丝,于是他口头告诉了第三班的另一名机修工,但这名机修工并不记得收到过口信,也否认曾看到过一袋螺丝。

而第三班的这名机修工来到机库后,主管让他去更换 N33701 右侧的防冰罩。让他去问第二班主管工作的进展情况,但没有告诉他该去问哪个主管。结果,他问的是执行另一架飞机 C 检的主管。当问到是否已经开始检查左侧部件时,这位主管说他认为当晚可能没有足够的时间更换左侧的防冰罩。

大概在这个时候,实际负责 N33701 的第二班主管结束了工作。他下班回家前没有和第二班另一名主管、第三班的机库主管或第三班负责管线检查的主管打招呼。帮忙拆卸右侧防冰罩的第二班机修工也下班回家了。

换班之后,第三班的机修工拆下安定面上右前缘的部件,并在工作台上将一个新的防冰罩连接到了前缘的前部。但为了给另一架飞机腾出空间,工作人员将 N33701 拖出了机库。N33701 停在机库外,没有直接照明。移出后,第三班的机修工完成了右侧前缘部件的安装。

第三班的一名检查员(质控)到 T 型尾翼的上方帮助安装防冰罩并检查安定面右侧的防冰线路。事后,他对事故调查员说自己并没有发现左侧前缘部件顶部缺少螺丝。他没有理由认为那些螺丝已经拆除了,而且当时机库外的光线很差。

随后,这架飞机获准飞行。上午的第一次飞行一切正常,只有一名乘客后来记起他的咖啡杯曾因为飞机的振动而嗒嗒作响。那名乘客曾向乘务员要求更换座位,但他没有和任何人提到飞机的振动,其他乘客也没有注意到。于是在下一次的飞行中,事故发生了。

2) 事件起因

NTSB 得出的结论是维修部门没有按照维修手册工作,导致不适合飞行的飞机返回执行定期客运服务。总之,违反了轮班交接制度。当多个班次的人员共同完成一项工作时,轮班交接制度是系统防御中的重要一环。

事故调查报告确定,事故是由个别一线维修人员的下列不符合标准的做法、程序和疏漏造成的。

- 负责 N33701 的第二班主管分派两名机修工拆除水平安定面两侧的防冰罩,但他没有收到这两名机修工"完成任务"的口头报告,也没有向即将上班的第三班主管进行工作交接,甚至没有填写维修/检查轮班交接表。他没有向机修工提供合适的工卡以便在轮班结束时记录下已开始但未完成的工作。如果能执行上面这些程序,事故就不会发生了。

- 不负责 N33701 的第二班主管(负责 C 检)告诉第三班主管左侧安定面上的工作尚未开始。他从执行这项工作的机修工那里收到了口头工作交接,但这是向第三班主管汇报工作后得到的消息。他在收到工作完成情况的口头报告后,没有填写维修交接表,没有让他的机修工向另一名负责 N33701 的主管汇报,也没有将情况告知第三班的主管,而是让这名机修工找第三班的机修工报告,但偏偏这个人后来又没有被派去执行防冰罩的任务。

- 第二班的检查员拆下了安定面两边的螺丝,但没有和即将开始工作的第三班检查员口头交接。而且,由于要帮助两名机修工工作,他已完全脱离了自己作为检查员的职责。

- 第二班中负责 N33701 维修工作的值班机修工没有向第二班中负责 N33701 的主管做口头交接,也没有在完成轮班时填写必需的工卡。

最后，NTSB 考虑了高级管理层在这场事故中所应承担的责任比例。在 4 位参与调查的委员会委员当中，有 3 位委员认为高级管理层的行为与这起事故无关。但是另一位委员约翰·劳伯(John Lauber)博士对此提出了异议，他提交了一份异议书，内容包括导致事故的一个可能原因："(高级)管理层没能建立一套用以鼓励并强制员工遵守维修和质量保障程序的企业文化"。在第 11 章中，将会继续讨论企业安全文化这一重要话题。

6.3　卡立芬交会站列车相撞：防御衰退

1) 事件过程

1988 年 12 月 12 日，星期一早上 8 时 10 分，一列载满乘客的列车从普尔向北开往伦敦市中心滑铁卢，在卡立芬交会站北面的一个岔道上，撞上了一列停着的火车的尾部。行驶中的列车在最初撞击之后转向右侧，又撞上了迎面开来的第三辆列车。事故造成 35 人死亡，500 人受伤，其中 69 人为重伤。事故的直接原因是放行信号灯指示错误。不该放行时，给予了放行信号，或者该放行时没有指示安全放行信号。信号灯本应显示红色以指示前方铁路上有列车，但普尔列车驾驶员看到的却是"继续前进"的信号。这是一种新型的(至少在这一地区)非手动操作信号灯，有四种显示状态，其彩色信号灯将根据轨道上列车的行使状态自动工作。

新信号灯(编号为 WF138)是信号系统大规模改造的一部分。在两周之前，也就是 11 月 27 日(星期日)完成了安装工作。这项工作的实际准备工作(拆下旧信号灯并换上新灯)是在 11 月 27 日前的一周内完成的，只剩下电线连接留到星期日进行。

在之前的信号系统中，有一根旧电线从继电器连接到保险丝上。该继电器是电路 DM 的轨道转发继电器(TRR)，因而标注为 TRR DM。根据新系统的指令,电流从 TRR DM 沿一条不同的线路到达保险丝,该线路中有一个用于轨道电路 DL 的 TRR 继电器,称为 TRR DL 继电器。星期天的工作计划是连接新电线,并断开旧电线。旧电线的两端(继电器一端和保险丝一端)本应都断开。但在实际操作中,保险丝一端的电线并未断开。而且,虽然继电器一端已断开,但并未按照规定的方式断开,而且与之前的接触点也未进行安全隔离。虽然电线已被推到了旁边,但残留的长度过长,而且距离原来的位置很近,因此在某种情况下,可能会回到原来的位置。不幸的是,它们的确回到了原来的位置。

在事故的前一天(星期日),该技术员又在继电器室里工作,但这次的助手换了。他们的工作虽然与之前的接线工作无关,只需要更换一个 TR DN 继电器,但不巧的是这个继电器就固定在同一架子上 DM 继电器的左边(见图 6.2)。更换 DN 时,DM 上旧线的位置被弄乱了。这段电线一端连着保险丝,裸露着金属丝的另一端连着接线端,成了该信号系统中的一颗定时炸弹(见图 6.3)。

 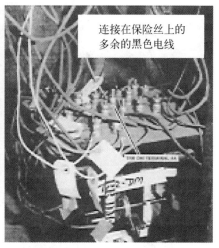

图 6.2　继电器室中 TR DN 和　　　图 6.3　TRR DM 继电器,显示连接
　　　　TRR DM 的位置　　　　　　　　　　在保险丝上的多余电线
　　　　　　　　　　　　　　　　　　　注:该照片摄于事故发生后第二天。

假如那个星期一的早上,两列火车之间保持着足够大的距离直接经过岔道,这场灾难也许不会发生。但贝辛斯托克的列车司机停下来给信号员打了个

电话。信号员认为 WF138 信号灯（在静止列车的后面）是红的，但实际并非如此。由于这根可恶的电线，系统没能探测到那辆静止的列车，因此向普尔的列车发出了"继续前进"的信号。

2）事件起因

事故的直接原因是技术员在处理电线时出现差错，我们在第 4 章中已经讨论过。这里更重要的是系统故障，它们使得技术人员将就凑合的工作方式一直得不到更正，从而导致这些对安全至关重要的差错不能被发现。

事故调查确认了以下系统故障。

- 在事故发生前，该技术员在 13 周内只休息过一天。调查认为，连续的周末加班加上平时的工作大幅降低了他的工作效率、精神状态的饱满度和注意力的集中程度。虽然英国铁路公司（BR）对其员工要求并不苛刻，但是那位技术员过于热衷工作，而且非常愿意加班。这在英国铁路公司很常见，管理层对此也很了解。在那个重要的星期日，曾有人提出这名技术员很疲劳，但技术员予以强烈否认；这里又强调了第 3 章中的观点，即疲劳的主观意识和工作表现不一定同步。

- 该技术员的直接主管没能监督并更正不符合要求的工作习惯，而且在该技术员为英国铁路公司工作的 12 年间，其他主管也没有纠正他的习惯。这位主管也没有为周末的工作做好充分的计划，没有确保线路完成后要进行测试。他自己和一队工人正忙于轨道上的工作而没能监督布线技术员拆换电线。调查还认为，他没能理清测试和调试工程师谁应负责测试工作以及他们的工作划分。

- 在那个星期日，测试和调试工程师都在信号箱附近，即使他有时间和设备，也没打算对电线进行独立计数（一种标准的质检方法）。

- 那名主管的直接上司周末不工作，但他之前去过继电器室，在那里，他看到一根没有剪断也没绑起来的电线就垂在那里。可是他当时并没有就这些不良的工作习惯提醒任何工作人员或管理层注意。

该事故与管理层也有关系。这一信号重装项目拖延了时间,所以大家都非常忙碌,很多人都在加班工作。那一年,公司还进行过重大改组,这也造成了很大的变动。初级管理人员在新岗位上没有经验,而高级管理人员的职责发生了巨大变动。调查报告还指出:机构重组之前就存在操作不当、培训效果不佳、测试不完整的问题。重组并没有让这些问题变得更严重,因此从这个角度来说,不能将重组视为事故的原因之一。但这次重组本可以成为大力整顿原有系统的好机会。新方法可能会解决老问题。

但没有人愿意碰这些棘手的问题,而这恰恰就是问题的根源。高强度的工作负荷、组织结构的剧变、管理士气低下以及放任自流的传统都导致了系统重要防御系统逐渐减弱。在这场惨剧中,没有坏人(几乎没有),只有努力工作、过度紧张的人,他们在具有考验性的条件下(听起来到处都需要维修工作)仍然努力将工作做好。

6.4　派珀·阿尔法平台爆炸:作业许可和交接班制度失误

1) 事件过程

1988 年 7 月 6 日 22:00 时,位于阿伯丁东北部北海 110 英里(177 公里)处的派珀·阿尔法油气平台发生了一起爆炸,随即引发了石油分离舱的一场原油大火。大火烧至临近模块并一直向下烧到地下 68 英尺(20.7 米)深处。火灾起初是由于通向海岸的总输油管发生泄漏引起的,这条管道还连接着附近的克莱莫和塔尔坦两个平台。没过多久,由于塔尔坦的天然气管道立管破裂,又发生了第二次大爆炸,进而引发了可怕的火灾蔓延。火焰和烟雾吞没了平台大多数人员居住的一片生活区。当时平台上共有 226 人,其中有 165 人丧生,另外丧生的还有附近一艘救援船上的 2 名船员。

英国健康与安全执行委员会确认,除去难以估量的生命损失,这起灾难的总经济损失高达 20.66 亿英镑。相应地,这次灾难对北海石油生产也产生了很大的影响,在随后的一段时间里,产量增长率至少降低了一个百分点。

21:45 时,当晚值夜班的操作员领班关闭了两个冷凝液注射泵中的一个,从而引发了灾难。他本打算打开另一个因为维修而关闭了的注射泵(A),操作员们不知道压力安全阀(连接到 A 泵上的 PSV504)已经从泵的排气管线上拆除(见图 6.4)。在阀门位置处安装了一个盲法兰组件,但是它并不防漏,会发生冷凝液泄漏。操作员对于阀门拆除毫不知情,因而给作业许可和交接班制度带来了一系列的沟通问题。还有很多其他因素导致并加剧了这起灾难,但这里我们主要研究维修系统的故障。

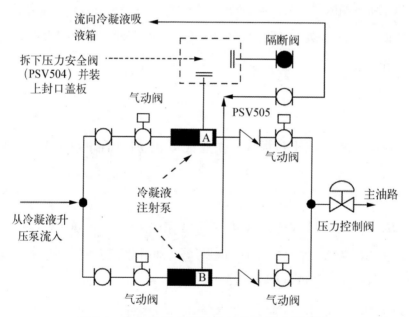

图 6.4　冷凝液注射泵及其连接的基本原理图

2) 事件起因

在卡伦爵士(Lord Cullen)的带领下,对维修系统故障进行了长达两年的公开调查,得出以下调查结论。

• 如果夜班维修领班知道 PSV504 被拆除,他就不会尝试打开 A 泵。

- 白班和夜班的两个领班进行工作交接时,本来应该沟通"PSV504 已被拆除但没有更换"这一信息。但白班的领班没有向夜班的领班提及此事,也没有按程序要求在维修日志或 A4 便笺薄上进行记录。

- 7 月 6 日,A 泵停止运行。因为它的压力安全阀被拆下来进行重新认证。派珀·阿尔法平台上有大约 300 个压力安全阀,由一家专业承包商每 18 个月对这些阀门进行一次重新认证。该承包商的海上主管是一名阀门技术员(VT),6 月 27 日才到平台。虽然他在 7 月 28 日告诉平台维修负责人自己了解作业许可制度(PTW)的执行流程,但他实际上并未接受过关于作业许可制度的相关培训。7 月 6 日 6:00 时,这位阀门技术员来换班时遇到了白班维修领班。领班告诉他 A 泵已经关闭,PSV504 要到当天的晚些时候才能使用。

- 7:00 时,这位阀门技术员将一份作业许可表拿给维修办公室值班负责人签字,标签栏填写的是"PSV504",位置栏填写的是"C 模块"。从维修办公室出去之后,这位阀门技术员又去控制室通知领班操作员并让他在作业许可表上签字。当时,坐在领班位子上的人在作业许可表上签了字。结果,这个人并不是领班操作员。之后,这位阀门技术员与同事一起拆下压力安全阀,接着开始进行阀门测试,他的同事负责安装盲法兰。这位阀门技术员没有检查同事的工作。

- 18:00 时左右,这位阀门技术员回到控制室安排起重机将该阀门归位。当时控制室里只有一个人,阀门技术员不认识这个人,以为他就是正要当班的操作员领班(调查员对这段对话的真实性提出质疑)。那个人告诉阀门技术员没有可用的起重机,于是两人一致同意暂停执行作业许可。

- 后来,阀门技术员遇到了白班维修领班,并告诉他因为没有起重机,阀门仍然是关闭的,盲法兰已装好。

- 为什么夜班操作员领班不知道 PSV504 已被拆除? 对这个问题没有得

到明确的答案。但即使他之前没有和阀门技术员交接过，按程序要求，暂停执行作业许可也应由他签字并安排一名操作员进行检查。显然，该检查并未被执行。调查结论表明，由于在交接班过程和作业许可制度执行中，未传达"PSV504已拆除"这一信息，因此夜班操作员领班和夜班维修领班都对此不知情。

- 调查报告称，作业许可制度的失败并非一个孤立的差错。有证据显示"作业许可制度的运作过于随意且不安全，没有得到足够的监督和检查。管理层应对这些失误负责"。

调查认为，作业许可和轮班交接制度的缺陷在事故之前就已存在。调查报告中有专门的一章讨论该缺陷问题。这些缺陷如下：

- 生产操作员领班在交接班时没有讨论作业许可是正在执行还是暂停执行。虽然公司程序有此要求，但因在进行交接班报告时还有很多其他事务，就漏掉了该项。

- 由于控制室没有足够的空间，因此暂停的作业许可被放在了安全办公室而没有放在控制室。如果领班上班前在作业许可上签字，他就会知道作业许可已暂停；但如果是早前暂停的，他就无从得知。后面上班的操作员通常不会去复查安全办公室里暂停的作业许可。

- 没有提供确保作业许可制度正常运行所必要的培训，也没有开展有效的监督。

派珀·阿尔法的总体企业文化过度依赖同事之间面对面、非正规的信息交流，而没有设立正式的作业许可制度。幸存者都普遍认为维修人员与操作人员之间的口头信息传递是一种很好的方式。不论这是否正确，很显然1988年7月6日晚上的作业许可和交接班制度没能阻止平台发生这场骇人听闻的惨剧。

同很多灾难一样，事情发生前都会有预兆。1987年9月7日，海上作业承包商雇佣的一名索具装配工在派珀·阿尔法平台的A模块从一块不牢固的嵌板上跌落身亡。公司管理层承认，交接班和作业许可制度中所存在的沟通不良问题是导致这起事故的重要原因。但只有当你知道将要面临什么样的灾难时，此类事件才有警醒作用。就在灾难发生的 10 天前，能源安全部的一名检察员检查过该平台。检查的目的之一是查出导致索具装配工死亡的交接班及作业许可制度中的缺陷。该检察员在报告中称该公司已解决了作业许可和交接班制度中的问题。

6.5　组织事故建模

虽然上述三起事故发生在截然不同的技术系统中，但都属于组织事故。因为事故的根本原因在于整个系统。在每起事故中，都发生了维修差错，但这些不安全行为的根源可以追溯到工作场所和整个组织内的潜在条件。

图 6.5 概括了描述组织事故起因的模型，图中列出了组织事故的基本结构。目前，该模型已用于指导各种危险技术事故的调查和监督补救措施的有效性。图中因果关系的方向是从左到右。

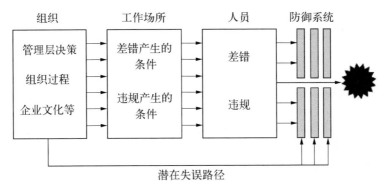

图 6.5　描述组织事故起因的模型

- 事故从组织过程（即有关计划、预测、设计、管理、沟通、预算、监督、审核及其他方面的决策）的负面影响开始；系统文化是另一个影响因素（见第 11 章）。

- 由此产生的潜在条件沿着各部门和组织路径传送到不同的工作场所。在这些工作场所,潜在条件表现为诱发差错和违规的条件(如工作负荷大、时间压力、技术经验不足、设备不良等)。

- 对于个别工程师和技术员而言,这些局部潜在条件与心理差错及违规倾向相结合,导致了不安全行为的发生。不安全行为有很多,只有很少的不安全行为会穿透多层防御和保障措施,产生不良后果。

- 潜在条件以及诱发性失误可能造成安全设施、标准、行政管理程序以及其他方面的缺陷,图中用连接组织过程和防御措施的箭头证实了这一事实。

上述案例研究清楚地表明,当人们处于人与系统交流的"关键时刻"时,他们并非事故的策动者,而是即将发生的事故的承受者。他们的工作环境已不知不觉地被系统问题设下了"陷阱"。

如果系统有多层防御措施,就能够防止大部分单独的人员或技术性差错造成的影响。系统唯一可能遭遇的事故类型是组织事故,即这类事故涉及多个可能性很低的因素,这些因素在系统的各个层级结合在一起,能够穿透各种防御、屏障和安全措施。

6.6　防御系统

防御、屏障和安全措施作为系统的组成要素,主要用于帮助系统解决过去发生过的或者系统设计人员能够设想到的麻烦事件。即使是一支不起眼的铅笔,顶上也有一块橡皮;这就意味着,只要是人在使用,就有可能不时地犯错。办公楼中有很多防御措施的例子。没有人希望发生火灾,但我们知道有发生火灾的风险。大部分建筑物都有针对这一风险的层层防御措施。有些防御措施可以提供探测和警告(烟雾警报),有些可以遏制危险的发生(自动喷水消防系统），还有些用于人员逃生（安全出口）。防御措施有不同的功能，也有不同的形式。有些是专设的安全设施（防火墙），有些是程序或指示（安全标志）。关键的一点是，所有这些设施的设计用途都是为了应对而非防止火灾的发生。管理人为差错风险就好比是管理火灾风险。没有人希望出现差错，但当差错确实发生时我们应做好准备。维修管理人员的职责就是降低维修差错发生的频率，同时确保那些无法避免的差错带来的后果不会超出系统的容限。

在一些隐伏性最强的潜在条件中，有些是防御性缺陷。不幸的是，防御措施的漏洞只有在事故发生后才会显现出来。有些防御措施没有发挥应有的作用，有些防御措施力度不够或完全没有设防，于是就产生了防御漏洞。

维修防御措施在人为差错方面有两个重要功能：一是发现差错，二是增强系统对差错后果的抵抗能力。

1）检测差错的防御系统

程序上的防御系统用于发现以往未知的差错，例如可以进行功能性检查和独立检查。遗憾的是，程序的执行依赖于易犯错误的人，因而是最脆弱的防御系统之一。对飞机维修人员的调查表明，功能性检查中的疏漏是最常见的违规形式之一[4]。独立签字和检查也不是发现差错的理想方法（见第 12 章）。事实上，任务完成后的检查工作有时会被忽略，特别是在维修人员认为没有必要检查、不方便操作或不能在允许的时间内完成时。

还有其他方法可以绕过检测差错的防御系统，如下面的示例所示。一家航空公司必须在一个国外机场进行计划外的发动机更换，因此公司明智地决定派两名工作人员前往，一个人进行发动机更换，另一个人去酒店登记并稍做休息。当第一名工作人员完成任务后，第二名工作人员精神饱满地去进行必要的功能检查。实际情况是怎样的呢？两个人抵达后就开始工作，并在一半的时间内完成了任务。这样做虽然提高了速度，但却完全遗漏了工作结束后必须采取的独立检查。

2）提高系统差错恢复能力的防御系统

第二种类型的防御系统用于控制未发现差错所造成的后果。从本质上说，这意味着我们已经承认，虽然不能防止所有的差错，但我们可以尽量减少它们造成的破坏。错列维修大纲就是一个例子，类似或并行系统的维护是分开进行的，以避免一个重复的错误导致本应独立的系统出现多个故障。

这种方法的一个例子是双发延程运营（ETOPS）所采用的特殊维修预防措施[5]。按双发延程运营程序对飞机进行维修时，要尽量避免对关键系统的多个元件执行相同操作。波音 767 和波音 737 等飞机的发动机、燃油系统、灭火系统以及电源系统都是双发延程运营关键系统。但这些预防措施通常不用于两个以上发动机的飞机，或是没有按双发延程运营维护大纲进行维护的双发飞机。

例如，在 1995 年，有一架波音 737-400 飞机在刚起飞后由于两个发动机的油量减少和压力下降而被迫返航[6]。在事件发生的前一晚，这架飞机的两台 CFM-56 发动机接受了内孔表面检查仪检查。由于操作失误，高压转子传动装置的盖子没有装回去，结果在这短暂的飞行中，发电机几乎损失了全部的机油。

在这件事发生几个月后，一架波音 747-400 飞机又发生了类似事件。飞机在起飞后进行水上飞行不久，机组人员就发现 1 号和 2 号发动机油量在减少。于是飞机即刻返回起航点，如果飞机可以安全返回，则无须在空中关闭发动机。着陆后，可以看到发动机的滑油正在泄漏。

这 4 台 GE CF6 发动机都进行过内孔表面检查仪检查。检查通常包括拆下并安装每台发动机的起动马达。在准备工作中，拆下了 1 号和 2 号发动机的起动马达，但由于没有找到使起动传动装置带动发动机转动的工具，就没有拆卸 3 号和 4 号发动机起动马达，所有发动机的转动都是用其他方法实现的。过去，由于缺少备件，在重新安装起动马达时，已经形成了不更换 O 型圈的习惯。但这一次机修工完全按照书面程序进行操作，拆下了 1 号和 2 号起动马达的 O 型圈。显然，安装起动马达的工人假定情况"正常"，也没有发现 O 型圈不见了,这是一个基于规则的错误。

该事件是由很多原因造成的,例如,因频繁出现备件"零库存"而产生的非正规工作程序、照明不佳、泄漏检查不力。但是,重要的一点是,飞机有四台发动机,它并不受双发延程运营标准的保护。其实,机修工当时在进行"无保护作业"。若按原计划拆下所有四台发动机的起动马达,将会带来严重后果。

将双发延程运营预防措施扩大到双发延程运营操作中可能会限制维修引起的问题。波音公司鼓励操作人员"制订一套方案,以防止在单独的维修任务中由同一个人完成类似或双系统的维护工作"[7]。

6.7 小结

为了理解维修差错是如何产生的,以及如何减少差错的发生,我们不能仅局限于相关人员的心理状态,还必须考虑到系统中普遍存在的缺陷以及潜在条件。简言之,我们需要扩大考虑范围。

本章研究了维修活动对三起组织事故的影响,即 EMB‑120 飞机失事、卡立芬交会站列车相撞和派珀·阿尔法平台爆炸事故。在这三起事故中,主要原因都与防御措施中的缺陷有关,防御措施有两个设计目的,一是提高系统中维修人员准确的情景意识,二是检查并修正维修人员的差错。

本章概述了事故起因的模型,包括从组织原因到工作场所中存在的导致差错的条件,再到"关键时刻"的差错和违规行为,最后到被破坏的防御措施,使危险因素与受害者发生破坏性接触。随后,本章对维修中的两种防御措施进行了研究,这些防御措施设计用于发现差错并提高系统的容错能力。

在下一章中,我们将吸取这些和其他悲剧事故的教训,设计一套能够在维修活动中有效进行差错管理的原则和方法。我们应该清楚,这些原则和方法中的措施必须能够降低任务、工作地点以及组织中会引起差错的内容,并能够限制个人的差错和违规。一方面,大部分诱发性失误(在关键时刻发生的差错和违规)造成的影响往往是短暂的;另一方面,潜在条件若未被发现并予以纠正,将来可能仍会导致错误的发生,并在系统的防御措施中留下长期的缺口。

注释

1　National Transportation Safety Board, *Britt Airways, Inc. Continental Express Flight 2574 In-Flight Structural Breakup EMB - 120RT, N33701, Eagle Lake, Texas, September 11, 1991* (Washington, DC: NTSB, 1991).

2　A. Hidden, *Investigation into the Clapham Junction Railway Accident* (London: HMSO, 1989).

3　The Hon. Lord Cullen, *Public Inquiry into the Piper Alpha Disaster* (London: HMSO, 1990).

4　A. Hobbs and A. Williamson, *Aircraft Maintenance Safety Survey — Results* (Canberra: Australian Transport Safety Bureau, 2000).

5　Federal Aviation Administration, Advisory Circular 120 42A, *Extended Range Operation with Two-Engine Airplanes (ETOPS)* (Washington, DC: FAA, 1988).

6　Air Accident Investigation Branch, *Report on Incident to Boeing 737 - 400, G-OBMM, Near Daventry on 23 February 1995*, Department of Transport (London: HMSO, 1996).

7　Boeing Service Letters, Dual System Maintenance Recommendations, 17 July 1995. See also B. J. Crotty, Simultaneous engine maintenance increases operating risks, *Aviation Mechanics Bulletin*, 47(5), September-October 1999, pp. 1 - 7.

第 7 章　差错管理原则

7.1　平常无奇

目前,对于差错管理(EM)并没有什么新的方法。所有涉及危险作业的组织一直都在使用各种各样的传统方法。维修组织使用的主要差错管理方法如下:

- 选择。
- 培训和重新培训。
- 工作计划。
- 作业登记卡。
- 标签和提示。
- 交接班程序。
- 作业许可制度。
- 人力资源管理。
- 执照发放和认证。
- 检查和签字。
- 技术及质量审核。
- 程序、手册、规章条例。
- 纪律程序。

- 全面质量管理（TQM）。

这些方法已经经过了几十年的发展，在不断尝试与试验后，都未能阻止与维修相关的差错不断增加[1]。这些方法存在一定的局限性，它们零碎而缺乏原则，被动而非主动，注重形式而非理论。这些方法还忽视了一个问题，那就是在过去的 20 年中，人们在人为差错的性质和多样性的理解方面取得了重大进展。

本章将介绍差错管理的基本原则。有些原则是对前几章内容的重申，其他原则会在后面的章节中加以讨论。本章旨在对本书中的差错管理原则做出简明概括。有些具有实用思想的读者可能会想回避"原则"这个词，但实际上，所有的管理都依赖厄尔·威纳（Earl Wiener）提出的四"P"理论，即理念（philosophy）、政策（policy）、程序（procedure）和实践（practices）[2]。在差错管理中，理念的价值至少是其他三个的两倍。如果没有一套统一的指导原则，我们获得成功的希望将十分渺茫。

7.2　差错管理原则

人为差错是普遍存在的，也是不可避免的。人为差错不是道德问题，它的后果可能令人感到不快甚至极具破坏性，但它的发生就像呼吸与睡眠一样，是人类生活中不可或缺的一部分。违规行为很少是有恶意的，并且意图经常是好的，我们也把它归为人为差错。人可以减少犯错，但不可能永远不犯错，也不应该不犯错。

差错本身并不是坏事。成功与失败具有相同的心理根源。差错非常有意义并且具有适应性。差错可以给我们提供指导，如同着陆灯界定了跑道的边限，差错也标示出了通往成功道路的边界。没有差错我们就无法学习并获得安全有效地工作所必需的技能。

你不能改变人的状态，但可以改变人所处的工作环境状态。差错的问题不在于形成差错的心理过程,而在于复杂系统中存在的由人创造的,有时甚至是冷酷的工作场所。差错是由精神状态和外部环境两方面的原因造成的。注意力不集中或偶然健忘等精神状态是既定的,但外部环境不是。不同的外部环境激发有害行为的能力也大不相同。识别这些差错陷阱并辨别它们的特性是进行有效差错管理的重要一步。

最优秀的人可能犯下最严重的错误。人们普遍认为,大部分差错是由少数不称职的人造成的。如果真是这样,解决差错问题就相对容易了,找出这些人然后重新对他们进行培训,解雇他们或者提升他们的能力,使其远离危险。但记录表明,事实并非如此。世界上的一些最严重的与维修相关的事故正是由那些工作经验丰富并且 30 年无不良记录的人造成的。随时随地都有可能发生差错,没人能幸免。事实上,最优秀的人往往担任责任最大的职务,因此他们的差错通常会对系统造成最严重的影响。

人们无法轻易避免并不打算做的事情。责备他人的过错可以得到情感上的满足,但对挽救局势毫无帮助。只有故意做出的并且意图应受到谴责的行为,才适用于道德审判。当本意良好而事情却未按计划发展时,责备和惩罚毫无意义。不过,我们不应当将责备与责任混为一谈。每个人都应该对自己的差错负责。假若犯错者不承认自己的错误并努力避免错误再次发生,那么他并没有从中吸取教训,完全没有或极少从中获取经验。

差错是结果而不是原因。在发生不良事件后,人们的自然倾向是追究第一个人为行为偏差并称之为原因[3]。然后,我们就说某人引发了这起事件,还要根据损失、损伤的程度惩罚此人。这在"以眼还眼"原则的群体中也许适用,但在维修单位中是绝对不允许的。维修单位中的事故是由多种不同因素相互间的复杂作用引起的,事故调查的首要目的应是加强系统的防御措施。从这个角度来看,应将差错视为结果而非原因。就像不良事件一样,差错也有其发生的缘由。每一个差错都是一连串事件共同作用的结果,这些事件包括人、团队、任务、工作场所和组织因素。发现差错只是原因调查的开始而非结束。只有了解诱发差错的环境,我们才有希望降低差错再次发生的概率。

很多差错都在重复发生。差错可能源于各种情况的独特组合,也可能源于维修中反复出现的工作状况。前者是随机差错,就是说差错的发生很难预测;而后者是系统性或重复性差错。如在第 1 章中提到的,半数以上维修活动中发生的人为因素事件都有过先例而且往往曾多次发生[4]。我们还注意到维修中的某些方面,尤其是重新组装和重新安装的过程中经常会发生一些特定类型的差错,特别是疏漏,疏漏了重要的步骤或完成安装后未拆下不需要的部件。另一种常见的差错与维修团队或班组内部之间的沟通不顺畅或缺乏沟通有关。以这些重复发生的差错类型作为解决目标,是部署有限差错管理资源最有效的方法。

对安全有重大影响的差错可能发生在系统的各个层面。不只是维修人员会出错。管理人员经常认为,要减少和限制差错的发生,主要针对的是一线工作人员。但是,经验告诉我们,个人在组织中的职位越高,他犯错的危险性越大。差错管理方法需要应用于整个系统。

差错管理针对的是可管理的事务。差错管理中最常见的一个错误是竭力想要控制不可控的事务。很明显,这指的是努力改变人性中不可改变的方面,即分神倾向、出神、粗心和偶然的遗忘。当这些努力都失败后(肯定会失败),下一个常见错误是试图把责任从整个公司转嫁给那些过去曾犯过错的不幸者。这种错误的做法普遍存在,在很大程度上也促使人们逐渐提高了对维修差错的认识。

外部环境甚至是各个系统都是可控的,而人的天性从最广义的角度来讲却是不可控的。针对人为因素问题,大部分的解决方法都涉及技术、程序和组织方法,而非单纯的心理措施。问题在于,指责他人而不改革系统,根源在于人性。这种反应可能会带来短暂的心理满足,但对长期的改进毫无益处。要进行有效的差错管理,重要的一点是要认识到这种基本归因错误(心理学家称之为"指责倾向")的存在并对抗它[5]。

差错管理可以让优秀的人变得更加优秀。人们经常认为,差错管理就是让少数易犯错的人变优秀的过程,但实际情况并非如此。差错管理的首要目的是让那些训练有素、积极进取的人变得更加优秀。在任何专业活动中,优秀都包含两方面的含义,即技术技能和心理技能。这两方面的技能都需要通过培训和实践来获得。多项研究表明,心理技能相对于必要的技术技能,至少是同等重要的。心理技能由很多部分构成,其中最重要的是心理准备。优秀的人经常会在心里演练对各种假设情况的反应,通过这种方式让自己在面临那些潜在的挑战性工作时能有所准备。要想有效地做到这一点,需要理解工作中的差错产生方式。以与维修相关的工作为例,这要求对诱发差错的各种人为因素和情景有所了解。与设备失效方式的预测相比,这种自我认识至少应当是同等重要的。

应采用两种方式对维修人员进行培训。一方面,他们需要知道人的行为问题的出现方式并了解它们反复出现的模式。也就是说,他们必须熟悉第3、第4章的内容。另一方面,他们必须掌握心理准备的技能,即应当训练他们在执行每项任务前先在心里预演自己或同事可能出现的差错。这不仅提醒了他们那些容易诱发差错的情景所带来的风险,也使他们能在差错造成危害之前做好计划,及早发现并纠正。提高发现差错的技能与了解差错最初的产生原因相比,至少同等重要。

没有最好的方法。对于这条原则,有两方面的解释。一方面,没有最好的差错管理方法。不同类型的人为因素问题出现在组织的不同层面中,需要采取不同的管理方法。以错误和违规为例,两者有着不同的内在机制。错误主要是信息处理方面出现的问题,而违规则涉及社会和动机方面的问题。有效或全面的差错管理必须兼顾公司的不同方面(人员、团队、任务、工作场所和整个组织机构),采取不同的对策。

另一方面,也没有最优的差错管理措施组合。不同的企业文化要求不同方法组合之间的混合与搭配。在一个企业中行之有效的方法在另一个企业中却未必有效,反之亦然。这就是差错管理原则如此重要的原因。有很多方法可以在原则上减少并遏制人为因素问题。这需要各个单位自己选择或开发出最适合本单位的方法。下一章将对现有的几类差错管理方法进行探讨，但最好是设计出自己的方法，或者至少是按自身的需要对现有方法进行改进。我们往往会"借鉴"当地的方法，而不是从其他地方引进方法。只有理解并遵循基本的原则，才能找到很多现实有效的差错管理方法，但大部分还都未设计出来。

有效的差错管理着眼于持续改进而非局部改善。人们总倾向于将注意力集中在最近发生的几起事件上，并努力确保至少不会再次发生这类事件。工程师们有解决具体问题的自然倾向，又进一步加剧了这一倾向。然而设法阻止个人差错的再次发生，无异于是在打蚊子。打死一只蚊子，其他的蚊子还会来叮咬。正如第2章所指出的，解决蚊子问题的唯一方法是破坏它们赖以繁殖的湿地。对维修差错而言，就意味着要改善人们的工作条件，增强并扩大系统的防御措施。整个系统的改革必须是一个持续的过程，其目的是减少和遏制整体错误，而不是单个错误。

7.3   对差错管理活动的管理

差错管理包括三个方面，即减少差错、遏制差错以及对差错管理活动的管理，以此保证差错管理活动能够持续发挥效果。在这三个方面中，最后一方面是迄今为止最具挑战性，也是最艰巨的一项任务。要想让差错管理产生持久的效果，就需要不断地监督和调整，以适应不断变化的条件。制订并执行一套差错管理方法，之后不给予任何进一步的关注就期待它发挥作用，是很不现实的。我们不能只是单纯地执行，然后就像完成一件工作一样把它划掉。大部分的工作在于过程而非结果。从一个重要的意义上来说，不断推进系统改革的过程就是结果。我们将在第12章对这些问题进行更详细的讨论。

7.4　差错管理原则总结

（1）人为差错是普遍存在并且不可避免的。

（2）差错本身并非坏事。

（3）我们不能改变人的状态，但可以改变工作的环境。

（4）最优秀的人可能犯最严重的错误。

（5）人们无法轻易避免并不打算做的事情。

（6）差错是结果而不是原因。

（7）很多差错在重复发生。

（8）对安全有重大影响的差错可能发生在系统的各个层面。

（9）差错管理针对的是可管理的事务。

（10）差错管理可以让优秀的人变得更加优秀。

（11）没有最好的方法。

（12）有效的差错管理着眼于持续改进而不是局部改善。

（13）对差错管理活动的管理是差错管理过程中最具挑战性且最艰巨的任务。

注释

1　An ICAO Human Factors Digest estimated that the annual average number of maintenance-related air accidents had increased by more that 100 per cent over the preceding decade，while the average number of flights had increased by less than 55 per cent. See D. Maurino，*Human Factors in Aircraft Maintenance*，ICAO Human Factors Digest No.12（Montreal：International Civil Aviation Organization，1994）.

2　A. Degani and E. Wiener，'Philosophy，policies，procedures and practice：The four "P's" of flight deck operations'，in N. Johnston，N. MacDonald and R. Fuller （eds），*Aviation Psychology in Practice*（Aldershot：Avebury，1994）.

3   H.L.A. Hart and A. Honore，*Causation in the Law*（2nd edn）（Oxford：Clarendon Press，1985）.

4   A. Hobbs，*Human Factors in Aircraft Maintenance: A Study of Incidence Reports*（Canberra：Bureau of Air Safety Investigation，1997）.

5   S.T. Fiske and S.E. Taylor，*Social Cognition*（Reading，MA：Addison-Wesley，1984）.

第 8 章　人员与团队措施

随着技术的进步和系统的日趋复杂，我们有时会忘记，不论是在医药、运输、制造或其他行业，即使是最精密复杂的流程，也仍然依赖于人的判断与技能。我们可以重新设计工具，选择更好的材料，开发更优秀的流程，但我们无法设计出更好的人。无论我们是否喜欢，我们只能依靠最原始的"马可 1 号"人类来维护复杂的系统。而易错性是人不可改变的一部分。

本章主要论述针对单独维修人员和维修团队的差错管理策略。如第 6 章所述，虽然很多维修事故的发生源于系统问题，但维修人员却是该系统的最后一道防线。大多数员工对工作时间、设备和工作时间表等系统问题几乎没有控制权，但每个人都可以做一些事情以减少自己被卷入事故的概率。最重要的是，我们的技能、习惯、信仰和知识全都可以改变，并且可以借助这种改变提高人的行为的可靠性。

8.1　人员措施

1）理解诱发差错的因素

维修人员首先要做的是掌握第 3、第 4 章中有关人为因素的基本知识。他们必须了解短期记忆的局限性，疲劳对工作表现的影响，以及有关人的长处、短处的其他大量事实。因此，国际民用航空组织（ICAO）和欧洲联合航空局（JAA）目前都要求对维修人员进行必要的人为因素培训[1]。

一旦维修人员意识到自身的弱点，就可以学会识别人的行为的危险信号[2]。认识这些危险信号的重要性是值得培养的自我保护技能。下面列出了在维护活动中最有可能引起差错的一些因素。

（1）过分依赖记忆。我们的记忆并不总像想象的那样可靠，尤其是在我们疲惫的时候。记忆失败是维修中最常见的差错。在没有适当提醒我们和其他人工作进展阶段的情况下，中断一项已经完成了一半的工作是在冒险。

每次当你试着记住一个重要的任务步骤，以便以后在没有任何提醒的情况下执行时，你就有失忆的危险。与其相信自己能记住还不如为了怕忘记从而提前采取预防措施。

（2）中断。维修活动经常会被中断，例如需要通知某人，需要接电话，或是别的地方有紧急任务需要完成等。然而，不论是何种性质的中断，都会加剧你的紧张程度，并增加出现记忆失败的可能性。疏漏是最有可能发生的差错。意识到风险所在，并采取防范措施是避免差错的重要手段。一个明显的应对措施是，预想下次开始这项任务时会问自己的问题："我上次做到哪里了？"并留下一个清晰的提示，明确地提醒自己必须在什么地方停下来。我们将在下一章中详细讨论疏漏管理和提示。

（3）压力。压力有很多种表现形式，例如，被反复问到"这要多长时间"；在工作中发怒；比平时更爱咒骂；一完成工作就急于回家。在这些压力下，即使是最细心的工人也会发现自己疏漏了一些步骤或走了捷径。我们要意识到这些压力的存在，还要确保它们不会导致冒险或贪图简便的行为。

（4）疲惫。你可能不觉得累，但是，如果你前一天晚上睡得不好，或者已经连续工作了12个小时以上，则很可能会因疲劳而受伤。疲劳会增加你犯错的概率，尤其是出现记忆失败的发生率。人在困倦时易怒，而且更难相处。

（5）维修人员之间缺乏协作。缺乏协作是导致事故的最常见的情况之一。

在很多情况下,当人们对某项工作做了些不言而喻的假设,而没有真正去相互沟通并确认情况时,就会破坏协作。有时,维修人员担心过于仔细地检查同事的工作或询问太多问题会引起对方不悦。

破坏协作的表现有匆忙地交接班、沟通不足、觉得提问很愚蠢或怕冒犯同事就不提问,以及与不熟悉的人一起工作等。

(6) 不熟悉的工作。如果你正在执行的不是日常职责的工作,那么即使在过去的几年里曾做过,也有出差错的危险。如果你是在"试错"的基础上执行一项不熟悉的任务,则必须意识到出错的可能性会大大增加。我们还需要知道,大量的航空维修事件都涉及检查员动手帮忙完成维修任务的情况。尽管这些人可能在技术上有资格从事这项工作,而且确实有很强的积极性从事一项适当的工作,但他们的动手操作技能有可能已经退步。

(7) 不明确。不确定事情的进展,就是让你停下来明确任务的一个信号。这种情况在团队协作中经常出现,在这种情况下,"责任分散"可能会使人们进行某种假设,以为别人了解事情的进展并在负责这件事情。

(8) 高度例行化的程序。任何你能闭着眼睛完成的工作程序,都是发生疏忽和过错的危险地带,例如开关检修盖或检查油量。由于对任务非常熟悉,因此我们的注意力可能会分散,很大程度上只是下意识地完成工作。虽然无法阻止"自动"地执行任务,但我们还是可以保持清醒的头脑,去发现那些时常会出现的差错。

2) 了解违反合理程序的原因

与错误不同,大部分的违规都属于有意的行为。人们会故意违反安全操作程序、操作条例和公认的作业标准等。因为这种故意性,个体和团队层面的违规更容易管理。改变深层的态度和观念往往是一件缓慢的事情,但仍然是可以实现的。

三个相互关联的因素构成了违规的意图[3]:

- 对行为的态度(认为我能行)。这是人们对某些行为后果的看法。违规的感知利益很大程度上超过了可能的风险和惩罚?

- 主观标准(他们想/不想让我做这个)。这些都是一些重要参照群体(亲属、同事、朋友等)对你行为的看法。他们会赞成还是反对? 此人到底有多希望被这些亲近的人欣赏或尊敬?

- 感知行为控制力(情不自禁)。这个人觉得他或她对违规行为有多大的控制力? 在宿命论文化中,这一因素可能相当重要,特别是在对违规后果的评判中。虽然管理层会在口头上要求工作人员服从规定,但实际上他们对违规行为是不追究的,尤其在通过违规可以按时完成一件紧急任务的时候。当个人发现这一事实时,这一因素也会起作用。如果单位的风气是既不奖励合规行为也不惩罚违规行为,那么个人可能会觉得他或她对情况没有什么控制力,只能遵循别人做的事来最好地适应环境。

3) 设计减少违规的方法

减少违规的最常见方法是针对上面三个要素的第一个,即对行为的态度。做出努力,展示突出不安全行为可怕后果的图像海报和视频,震慑人们按章办事。

这种恐惧诉求有三个作用。第一,告诉人们不安全行为与安全行为之间的联系;第二,起到震慑作用;第三,指出正确的做事方法。

但震慑本身产生的影响很有限。主要问题在于那些最有可能违规的年轻人,因为他们抱着不切实际的乐观态度,往往对此已经免疫。

社会控制着眼于上述第二个因素,即主观标准,也就是说,其他人(他们的意见对个人很重要)对违规行为的赞同或反对程度。

到目前为止,相关证据表明社会控制是改变个体行为最有效的方式之一。我们是社会性动物,需要被在乎的人认可、喜爱和尊重。如果确信这些重要的他人会强烈反对我们的计划,我们可能会三思而后行。这并不意味着永远不会违规,但它可能会让我们停下来冷静思考。

影响社会控制的很多管理方法都涉及小组讨论和小组活动。有一种技术已经非常成功地应用于改变瑞典公司驾驶员的驾驶行为。该技术包括一个三阶段的程序,如下所示[4]。

阶段 1　把个体分成小组,理想的分组方式是以工作和地点的共享性为基础。每个小组都有一个受过训练的发言人或主持人。在第一次讨论会议中,讨论工作中遇到的一般质量和安全问题。发言人负责记录提出的事项。

阶段 2　在第二次讨论会议中,逐条讨论阶段 1 中列出的问题。主要任务是把问题分成两类,一类是必须提交给上级管理层解决的问题,另一类是小组成员认为自己可以有效解决的问题。很明显,违规和其他不安全行为都是小组成员认为自己可以有效解决的问题。其他问题则交给管理层。

阶段 3　在第三次讨论会议中,各小组集中讨论组员认为可以自己解决的问题,集体讨论如何处理每个问题。然后,在会议结束时,每个组员写下自己要解决的问题(即从那时起,他们可以做的事情)。他们不需要向其他人展示这种决心,这完全是用对他们个人决心的一个提示。

利用这一方法,研究得到了两个有趣的发现。一个有趣的发现是,讨论组中的 850 名驾驶员,其交通事故的发生率减少了 50%,这些事故大部分是由于违规操作造成的。而对照组(除了没有参加讨论组,其他各方面条件都是一样的,驾驶员数量相同)的事故发生率在 5 年(测试前的 3 年和测试后的 2 年)的研究时间里没有发生变化,结果如图 8.1 所示。

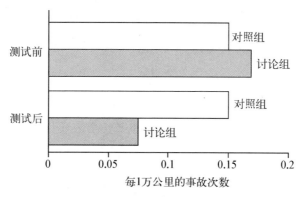

图 8.1　测试前后对照组和讨论组每 1 万公里的事故次数
资料来源:《安全工作中的分组方法》,Brehmer B,Gregersen N P,Moren B(乌普萨拉大学心理学院,乌普萨拉,1991 年)。

另一个有趣的发现是，讨论组中的多数驾驶员并不认为这些活动对于减少事故有重要作用（虽然上述结果已清楚地说明了活动的作用）。讨论之后进行的一份问卷调查显示，仅有 12％ 的受访者认为自己的驾驶方式因为参加讨论组而发生了改变，仅有 25％ 的人认为自己从这种小组练习中受益。

我们对此该如何解释呢？尽管瑞典的驾驶员已经对安全有了积极的态度，但是由于他们之间很少谈论安全问题，因此他们不知道其他驾驶员对安全问题是怎样看待的。小组讨论的第一个作用就在于让各讨论组的所有成员都看见各个小组的价值。小组讨论的第二个作用是把安全驾驶的动机与关于如何实现的实际决定结合起来。安全而可靠地执行任务的先前意图会对后面的行为产生很大的影响。同时，即使实际上不能与组中其他人分享这些意图，通过小组讨论形成的意图也会使这种影响显著扩大。

从该研究和其他有相似有益效果的研究中我们得出两个结论。第一，这种小组讨论可以有效地产生更安全可靠的行为。小组讨论在维修环境中尤其适用，而且不难看出它们的基础结构很适合减少违规。第二，人们并不总能理解其行为发生改变的原因。另有研究表明，当行为改变的真正原因与实际想法中的原因相冲突时，人们不会说出真正原因，而是会说出他们认为的行为改变的想法或理论。这个道理很清楚，不要总是相信人们所说的行为改变的原因。

必须强调的是，态度的改变是一个漫长而艰难的过程。这类活动就是要达到使服从行为的控制从外部因素转变到内部因素，从外部奖惩转变为内在动机的目的，在这种情况下，个体会更愿意服从。

从外部控制转向内部控制要经过两个阶段。第一个阶段受内疚感驱使，因为不想有内疚感所以服从良心的指引（而不是想要服从规定）。第二个阶段是认同感，对服从后产生的结果表示认同。即使可能不喜欢服从的要求，但却享受服从后的感觉（就像我们可能不喜欢回复一大堆过期未回的邮件，但完成之后却很开心）。只有达到内在动机的最后阶段才不会有内心冲突[5]。

对成瘾的研究表明，改掉一个习惯要经过五个阶段。第一个阶段是事先思考,这个人甚至还没有想过要改掉习惯。第二个阶段是思考,开始认为改掉这个习惯可能是个好主意,但还没有下定决心去改变。第三个阶段是做出决定,真正决定要改掉习惯。第四个阶段是真正停止。第五个阶段是必须按照设计的程序执行,以保持已取得的进步。

　　要注意的是,在过程中,实际的行为变化直到后期才会出现。客观地讲,很多试图改变行为的方法,结果都令人十分失望,但在激励人们决定做出改变这一重要方面却取得了巨大的进展(见图 8.2)。在看到真正的结果之前,不能低估这些预备阶段的重要性。同样,需要记住人们并不总是能够或愿意坦承接受自己目前所处的阶段。总之,要不断尝试,但不要期待一夜之间会出现奇迹(第 11 章将进一步探讨有关态度的改变)。

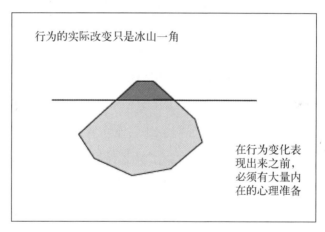

图 8.2　行为改变与内在心理变化的对比
注:心理变化虽然看不见,但却是行为改变的必要前提。

4) 在开始之前着手预备

　　大量证据表明,在真正开始一项任务之前预先在心理上做好准备能够极大提高人的行为的质量和可靠性。这一证据源自以奥林匹克运动员和顶级外科医生为对象的最新心理和行为研究[6]。这两类研究均表明,预先在想象中认真地完成一项工作对随后的表现会有相当大的好处。心理学家称之为"心理预演"。

这种获得并实践心理技能的能力就是区分优秀员工和普通员工的关键因素。

在下文中，我们首先描述这种心理准备活动的性质，然后阐释它如何提高注意力集中程度。如前文所述，差错管理不是让表现差的员工变得优秀，而是让优秀的员工变得更加优秀。

（1）积极想象。在开始实际工作之前，优秀的员工会花时间思考任务，并在实际遇到任务之前想象任务的状态和感觉。例如，外科医生会将二维的书面图片转化为真实的三维图像。他们会在心里预演这些程序步骤，以使动作更加流畅。这种想象是积极的，因为他们专注于每个阶段的完美结果。

（2）做好面对问题的准备。心理预演的另一个重要功能是预测可能发生的问题并准备好有效的对策。优秀的员工明白工作时刻领先一步的重要性。下面一段话引自一位顶尖外科医生，话中道出了这样做的精髓："我在头脑中预演手术的程序，然后第二天实施。过程很真实，一步一步地进行，我看到自己在手术，进行着各种步骤的操作……你要考虑会遇到什么问题、怎样解决。你不可能总能想到所有的复杂情况，但是问题出现时你必须有所准备。"

（3）心理准备。这要求你有做好工作的心理准备。例如，外科医生会借助书或模型之类的研究辅助工具。他们会独立地计划程序步骤，也会与同事协商。很多顶尖外科医生在锻炼时的"想象"效果最好。詹姆斯·瑞森认识的一位著名的心胸外科医生每天清晨都要游泳一个小时。这项运动很枯燥但有益健康，他就是利用游泳的时间思考当天上午的手术中可能遇到的冠状动脉解剖的棘手问题。

（4）干扰控制。维修工作中会遇到干扰和分心的事情。最近的心理研究表明，避免分心的最好方法是预料到要发生干扰和分心的事情，并在它们出现时逐个解决[7]。一项研究对两组被试的表现进行了比较。这两组被试都要在电脑上解答算术问题，但电脑屏幕的上方断断续续地出现干扰性图像。告诉一组被试做好心理准备，忽视图像（干扰抑制），另一组被试则被要求处理干扰，并告诉自己，尽管受到干扰，仍然能够解决算术问题（任务引导）。干扰抑制组的分数远高于任务引导组的分数。但两组表现均优于没有使用有准备控制干扰方法的对照组。道理很明显,应(尽可能地)预测可能出现的分心和干扰,并提前想出解决每个问题的具体对策。

(5) 避免工作进度丢失差错。在维修活动中,特别是按照任务步骤顺序进行作业时,很可能会丢失或忘记工作做到什么地方了,中断后再继续工作时,往往会导致一些必要步骤被疏漏(见第 4 章)。如果维修人员在工作被打断时标记下工作步骤(用标签或其他一些明显的指示标记),则可以减少差错。如果提前做好准备或早做考虑,那么这些方法是非常有效的。

心理预演为何能够如此有效地产生可靠的工作表现? 它是如何提高专注度和注意力集中程度的? 要回答这些问题,我们必须回顾第 3 章中介绍的注意力手电筒光束模型(见图 3.2)。

在执行维修任务时,我们的行为会受到三个因素的引导,即书面程序(工卡或手册)、所面对的实际情况以及接下来将发生事件的心理模式。该心理模式由与任务有关的图像以及我们长期记忆中的知识结构组成,往往不完整或不准确,但我们不能总是边看程序边操作,因此需要这一心理模式。心理预演的好处主要在于提高心理模式的质量并刺激它产生到达目标的正确路径(工作步骤)。这就是在适当的时候给他们一个更好的、达到注意力集中的机会。换句话说,正确步骤而不是错误步骤更有可能在注意力集中的竞争中胜出。图 8.3对这些概念做出了解释。

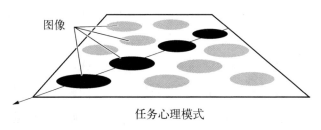

图 8.3　任务心理模式中的最佳图像(知识结构)

在图8.3中，矩形（透视图）相当于图3.2的下半部分，只是图中展示的是想象而非实际的情形。浅色圆圈代表需要维修的设备的各个方面。深色圆圈及穿过它们的箭头构成了实现预期目标所需的正确工作步骤。心理预演时构成的就是这一内在模式，原理很简单，无论是想象或实际的操作，这些步骤越经常受激发，就越有可能吸引适当的注意力，避免受到干扰的影响。

图8.3的另一种思考方式是，把它想象成一个覆盖着光束矩阵的面板。每一束光代表对一件设备可能采取的措施。无论是想象或实际操作，每执行一次措施光束就会不断变亮。重要的是，在心理上构想的行为与实际的执行具有同样的效果。这不仅使人对适当的感知线索更敏感，同时也增强了正确措施之间的联系。而且，光束越亮，越有可能吸引注意力。在心里依次预演恰当的步骤很可能在措施矩阵中产生一条明亮的路径。光亮将沿着预期的路径引起注意并使其较少受到分心和干扰的影响。

8.2　团队措施

第6章中讨论的大部分系统事故都包含这样或那样的团队差错。共同达到某一目的或完成某一共同任务的许多人就是一个团队。大部分的维修工作，尤其在航空和核电工业中，都是以团队的形式开展的。团队协作是一把双刃剑。团队内部和各团队的维修人员需要共同了解正在发生或已经发生的事情进展，这可能会增加差错的发生概率。但团队中伙伴关系的存在也可以提高发现差错和纠正差错的可能性。

长期以来，商用航空业在灌输及证明必要的技术技能方面一直做得很好。在过去的十年间，这一行业开始系统性地解决人为因素对质量、可靠性和操作效率方面的影响[8]。通过事故分析得出结论，团队管理上的差错是安全的最大威胁之一。这些问题如下：

- 团队领导过于关注小的技术性问题。

- 任务及责任委派失误。

- 优先事项确定失误。

- 监督检查不足。

- 缺乏沟通。

- 使用标准操作程序发现和/或质疑不合规的行为失误。

- 过于独裁的领导风格。

- 机组或团队中的下属成员不愿纠正上级的错误。

1977 年,这些因素组合在一起诱发了世界上最为惨痛的航空事故。两架大型喷气式客机在特内里费岛(Tenerife)布满雾气的跑道上相撞,造成 500 多人丧生。事故发生时,荷兰皇家航空公司(KLM)飞机的机长错误地以为获得了起飞许可,准备起飞,他不知道一架泛美航空公司(PANAM)的飞机正在跑道上滑行。我们在本书的前面已经提到过,有时最优秀的人会犯最严重的错误。在这个案例中,荷兰皇家航空公司的机长是该航空公司资格最老,最受尊敬的飞行员之一,而且是公司飞行训练部的部长。这起事故的发生与多种人为因素有关,其中包括缺乏沟通、时间压力以及副驾驶没能果断地质疑机长独断的起飞决定。

这次可怕的事故标志着航空业的一个转折。特内里费岛事件以及之后在 20 世纪 70 年代末期和 80 年代发生的事故引发了对安全培训的重大反思,例如,航空公司对飞行员进行了如何处理上述团队管理问题的培训。目前,世界上的大多数航空公司均提供此类培训,即众所周知的机组资源管理(CRM)。该培训在北美和欧洲大部分地区已成为一项法定要求。该项目成功地将培训范围扩大到驾驶舱以外的区域。越来越多的航空公司向维修人员引入机组资源管理培训,有时也被称为维修机组资源管理(MRM)[9]。

维修机组资源管理培训的目的主要包含以下几个方面:

- 教授团队成员如何集中自己的智力资源。

- 接纳团队中下属成员的质疑，学习获得集体情境意识。

- 强调团队协作的重要性。

- 确定通用术语以减少沟通问题。

- 培训领导技能和团队成员技能。

- 规范组织结构并确定组织对安全所起的作用。

- 了解企业文化，认同共有价值观。

- 提升沟通技能。

- 了解并管理压力。

在对维修人员进行机组资源管理培训的过程中，美国大陆航空公司召开了为期两天的研讨会，共有 20～25 名参与者及两名主持人参加会议[10]。第一天的会议内容包括对一项团队合作失败案例的分析，阐释了感知与现实之间的区别，对各种行为与决策类型、武断的特性以及各种压力控制因素进行了讨论。第二天的会议内容包括三个主要方面，即团队协作与决策行为，与组织规范认知有关的案例分析，以及有关人际关系技能（倾听、支持、面对和反应）的互动讨论。该培训计划最初是针对管理人员制订的，后来培训范围又扩大到机修工。

西北航空公司率先将机组资源管理方法应用到维修人员，MRM 培训内容涵盖四个方面，具体如下：

- 沟通能力。

- 机组人员发展和领导技能。

- 工作负荷管理。

- 技术熟练程度。

比较机组资源管理培训前和培训后，结果表明地面损伤事件大幅减少，而且签派放行的可靠性显著提高。经历机组资源管理培训前后相关人员的态度及行为调查也同样显示了强有力的积极作用。

有大量的证据表明，对维修人员开展的机组资源管理培训，主要收益不仅体现在安全方面，而且体现在可靠性提高和费用减少等方面。最近一项研究调查了美国 150 家飞机维修中心与维修相关的机组资源管理的影响[11]。研究发现：

- 在参加课程后,学员对机组资源管理类培训潜在价值的热情立即高涨。
- 肯定机组资源管理正面价值的态度在培训之后立即增长了 15%～20%。
- 机组资源管理培训降低了人员伤亡率,并减少了飞机的地面损伤事件。这也与飞机的高签派率有关。

维修机组资源管理课程没有一种固定的开展模式。现成的培训不可能像根据组织自身的特定需求和文化量身定制的课程一样有效。但有些关于维修机组资源管理的优秀范例是可以借鉴的。美国联邦航空管理局(FAA)发布了一份维修资源管理咨询通告的草案,其中就包含这种培训课程的样本大纲。英国民航管理局也开发了一门维修人为因素课程,该课程经修改可以适应各个行业的需求[12]。

在许多大型航空公司中,机组资源管理培训已经开展了 10～15 年。尽管很少有人会质疑培训的长期价值,但这些课程并不总是会受到欢迎。我们可以通过这些不受欢迎的课程,了解什么是机组资源管理培训中不能做的事情。

在一篇题为《怎样扼杀一个优秀的机组资源管理方案》的文章中,明确指出导致方案失败的前十大原因[13]。如下文所列：

- 没有将机组资源管理与其他形式的操作培训结合起来(机组资源管理本身不提供技术技能,若要在操作中发挥作用,就必须与其他培训形式相结合)。
- 没有认识到公司自身文化的独特需求。
- 允许机组资源管理的狂热分子进行培训。
- 绕过研究和数据收集的步骤。
- 忽视与培训和检查标准相关的事宜。
- 过多的图表、框图和缩写。
- 将机组资源管理方案作为一次性事件。

- 使用通俗心理学和含糊不清的心理学用语。

- 将机组资源管理课程变成心理辅导课程。

- 将机组资源管理（CRM）中的机组（C）重新定义为"超凡魅力"（charismatic），那么参与者记住的将不是如何进行操作，而是教员如何有趣。

航空业中的机组资源管理培训经历了多次跌宕起伏。上面列出的原因是造成"反感"的主要因素。保持机组资源管理类项目顺利开展的纠正方法比较简单：

- 经营管理人员必须由始至终主动地监督和参与项目。

- 操作可靠性高的人应发挥指导作用（这类人多指维修人员自己，而不是外部专家或顾问）。

- 机组资源管理必须完全融入培训活动中。

- 必须建立一个反馈系统，跟踪趋势和参与者的反应，并监测质量。

- 机组资源管理培训不能一次性使人对维修差错产生免疫，定期强化和补充培训必不可少。

8.3   小结

在本章中，我们讨论了一些针对个体维修人员和工作团队的实际差错管理方法。我们在研究和了解了人的行为的基本局限之后，考虑如何使维修人员识别那些增加差错发生概率的危险信号；再次探讨了违规问题，研究了态度的改变对减少违规行为的帮助，以及心理准备如何提高人的行为的可靠性。最后，我们论述了机组资源管理培训。我们考虑了有效机组资源管理课程的要素，以及机组资源管理培训可能失败的原因。

虽然叙述了大量针对个人差错管理的方法，但我们认为，警告还是有必要的，单凭这些针对个体和团体的方法是不够的。我们不可能使人们脱离系统接受人为因素的培训，然后再让他们回到没有改革的系统中，并且期望他们的表现会发生巨大的改善。在下面两章中，我们将看到针对个体和团队的措施，除非对工作场所、任务及系统一起进行差错管理干预，否则管理效果将会十分有限。

注释

1 ICAO, *Annex 1*, *4.2.12. e.* (Montreal: International Civil Aviation Organization); JAA, JAR 66 AMC 66.25 module 9 (Hoofddorp, Netherlands: European Joint Aviation Authorities, 1998).

2 D. Schwartz, 'Maintaining operational integrity through the introduction of human factors training', *The CRM Advocate*, 93, 1993, pp. 1 - 2.

3 J. Reason, D. Parker and R. Free, *Bending the Rules: The Varieties*, *Origins and Management of Safety Violations* (Leiden: Faculty of Social Sciences, University of Leiden, 1994).

4 B. Brehmer, N.-P. Gregersen and B. Moren, *Group Methods in Safety Work* (Uppsala: Institute of Psychology, Uppsala University, 1991).

5 C. Sansone and J. Harackiewicz (eds), *Intrinsic and Extrinsic Motivation* (San Diego, CA: Academic Press, 2000).

6 T. Orlick, *In Pursuit of Excellence* (3rd edn) (Ottawa: Zone of Excellence, 2000).

7 P.M. Gollwitzer and J.A. Bargh (eds), *The Psychology of Action* (New York: Guilford, 1996).

8 E. Wiener, B. Kanki and R. Helmreich, *Crew Resource Management* (New York: Academic Press, 1993); N. Johnston, N. McDonald and R. Fuller (eds), *Aviation Psychology in Practice* (Aldershot: Avebury, 1994).

9 B. Sian, M. Robertson and J. Watson, *Maintenance Resource Management Handbook* (Washington, DC: Federal Aviation Administration, 1998) <http://hfskyway.faa.gov>.

10　W.B. Johnson. 'Human factors in maintenance: An emerging system requirement', *Ground-Effects*, 2, 1997, pp. 6 – 8.

11　J.C. Taylor, 'Evaluating the effectiveness of Maintenance Resource Management (MRM)', Paper given to 12th International Symposium on Human Factors in Aircraft Maintenance and Inspection, 11 – 12 March 1998, Gatwick.

12　FAA, Draft Maintenance Resource Management Advisory Circular (Washington, DC: Federal Aviation Administration, undated); W. J. Done, 'Safety, human factors and the role of the regulator', Paper given to 15th Symposium on Human Factors in Aviation Maintenance, 27 – 29 March 2001, London.

13　W.R. Taggart, 'How to kill off a good CRM program', *The CRM Advocate*, 93, 1993, pp. 11 – 12.

第 9 章　工作场所和任务措施

前一章提出的差错管理战略针对的是个人和团队,提高技能、转变态度和观念或加强协调和沟通。虽然让优秀的人员变得更加优秀是一个有价值的目标,但如果工作环境不断诱发差错,特别是不断重复出现同样的差错,这个目标也只能发挥有限的作用。

由于很多维修差错的产生是由工作环境所致,因此减少差错最有力的干预措施是那些旨在消除工作质量相关任务挑战的措施。在本章中,我们将讨论几种已知可能会产生差错和违规的环境和任务因素,即疲劳管理,任务频率,设计问题,工具保管以及备件、工具和设备。

在本章的后半部分,我们将详细探讨针对任务的措施,旨在降低疏漏的发生率,疏漏是最常见的维修差错类型。疏漏的管理包括两个步骤:第一步是明确任务中容易疏漏的步骤;第二步是做出适当的提示。

9.1　疲劳管理

如第 5 章所述,就像酒精一样,疲劳会增加出错的可能性。尽管酒精和疲劳的危险性相似,但是没有任何单位鼓励醉酒的员工去上班,而很多单位却允许疲劳的员工上班。

当维修工作时间超过标准工作时间规定时，疲劳管理就成为单位需要面对的一个最重要的问题。合理排定值班表是一种有效降低疲劳危险的方法。下面列出了轮班制度设计中的 8 个原则[1]。

（1）不能连续超过 3 个夜班。

（2）避免长期的夜间工作。

（3）按时间向前轮班(早班→中班→夜班)。

（4）允许上夜班后至少休息 2 天。

（5）连续工作时间不能超过 5～7 天。

（6）上班超过 8 个小时的，不允许加班。

（7）2 次轮班之间需要至少 11 个小时的休息时间。

（8）在可能的情况下，确保相关人员提前知晓轮班时间表，并且严格限制后续的修改。

以前评估与轮班值班表工作相关的疲劳比较困难，但现在有几种计算机软件，专门用于评估轮班类别可能产生的疲劳程度。阿德莱德睡眠研究中心的德鲁·道森(Drew Dawson)和亚当·弗莱彻(Adam Fletcher)开发了一个可广泛使用的软件[2]，对轮班期间的每一段时间的疲劳程度评分。

如果工作时间限定在周一到周五的 9 点至 17 点之间，那么得分通常为 40 分。然而，疲劳值会随着工作时间的增长、休息时间以及不允许夜间睡眠时间的缩短而增加。根据德鲁·道森和亚当·弗莱彻的研究，80 分的疲劳得分会导致行为障碍，程度与血液酒精浓度为 0.05％的人相似。鉴于这个原因，他们建议执行安全重要性职责的工人，工作中的疲劳得分不能超过 80 分。然而，有些行业中个别员工的疲劳得分超过了 150 分。

图 9.1 对德鲁·道森和亚当·弗莱彻的系统进行了说明，图中给出了工人在早班、中班和夜班的循环轮班制中每 5 个工作日之间有 2 天休息时间的预计疲劳得分。从图中可以看出，第 4 个和第 5 个夜班的最后几个小时产生的疲劳得分都超过了 80 分，因此非常有必要更改轮班方式。

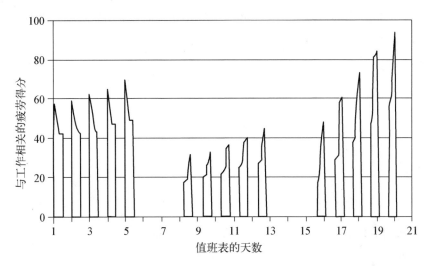

图 9.1　5 天工作(从 6 点到 14 点),2 天休息;5 天工作(从 14 点到 22
　　　点),2 天休息;5 天工作(从 22 点到次日 6 点),2 天休息的循环
　　　值班表的预计疲劳得分

资料来源:《人类工效学》2001 年第 44 期第 475~488 页《工作疲劳的定量模型:
实证评估》,亚当·弗莱彻和德鲁·道森。

这种疲劳管理软件的最大优势是管理人员可以在使用轮班表之前作出评
估和对比。

9.2　任务频率

工程师曾经使用熟悉的"浴缸曲线"来描述设备在整个寿命过程中发生故
障的频率。根据这个模式,在早期的磨合期,出现故障的风险相对较高;一旦解
决了初期问题,就会进入可靠性较高的时期;随着设备到达其设计寿命的末期,
发生故障的频率会增加。维修活动的可靠性所表现出来的趋势与设备的寿命
周期无关,而与维修人员的工作经验相关。对于不经常执行的任务,差错率可
能会较高,原因主要是因为没有经验的员工容易在有错误倾向的知识水平下工

作。然而，一旦积累了经验，出现知识性差错的可能性会减小，但发生技术性疏忽和过错的可能性会增大。正如第 4 章所指出的，专家的心不在焉问题比新员工更难解决。

在给维修人员分配任务时，有必要考虑员工在何地坚持获得连续的经验才能完成任务。非常规和常规任务都会产生各自的差错；然而，适当的任务分配有助于降低差错风险。

9.3　设计问题

许多维修差错的根源是系统设计不当。大多数的维修人员都能列举出安装时可能会上下颠倒或前后颠倒的部件、难以接近的系统或者正常维修人员明显无法完成的任务等例子。对于系统设计人员来说，易维修性通常是一个较低的优先级。下面列出了系统易维修的 6 个设计原则[3]。

（1）能够很容易接触部件。

（2）与功能相关的部件应当分在一组。

（3）部件的标签应当清晰可见并能提供足够的信息。

（4）应当尽量减少使用专用工具。

（5）不必在现场进行细微的调整。

（6）设备的设计应便于故障隔离。

现代维修活动需要使用各种复杂的测试、测量和诊断设备。每个设备都有一个用户界面，维修人员在该界面上进行操作以实现某些目标，并从该界面接收信息。不合理的设计可能会给执行（操作）和评估（信息）这两个步骤带来差错和理解错误，这通常是因为设计人员未能理解用户的观点。美国一位著名的心理学家唐·诺曼（Don Norman）明确了出现误解的两个主要原因，即执行方面的差距和评估方面的差距[4]。这两个基本设计问题如图 9.2 所示。

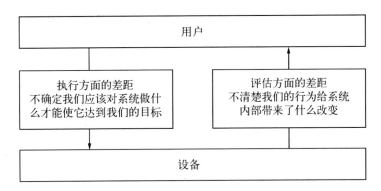

图 9.2　系统未来状态与实际状态的用户模型之间的执行和评估差距
资料来源：摘自唐·诺曼的《日常的设计》(纽约基础图书出版社,1988 年)。

　　很多问题的出现是因为设计人员假设他们的系统模型与用户的系统模型相同。但事实并非如此,因为设计师很少直接与用户交流,他们也不总是很清楚各种可能的人为差错。用户的模型来自系统映像,系统映像由它的文件资料和用户推断的设备设计用途组成。如果不能清晰展示设计师的模型,用户就会对系统功能产生错误的认识。

　　避免这些问题的一个方法是,在购买设备之前询问以用户为中心的设计问题,应该向一组潜在用户提出这些问题。最基本的问题是用户能够容易地确定系统或设备的功能的程度,然后询问与执行相关的三个问题。

- 意图。用户有多容易知道哪些行为是可能的?
- 行为规范。用户有多容易确定从意图到行为的关联?
- 执行。用户有多容易执行行为?

接着再询问关于评估装置或系统状态的三个问题。

- 感知。用户有多容易知道系统处于什么状态?
- 解释。用户有多容易确定从系统状态到正确解释的关联?
- 评估。用户有多容易知道系统或装置是否处于理想状态?

　　虽然不可能设计出完全消除用户差错的系统,但设计人员和用户都可以努力降低差错的发生率。例如,现代电子设备的一个共同特点是,它们所执行的操作通常比所拥有的专用按键或控件多。为实现设备的全部功能，用户在使用有限的按键或控件之前，必须先选择所需的操作模式。这样就在使用这种设备时，为最常见的一种差错类型创造了条件。这属于模式差错，是指在执行适合一种模式的操作时，用户正处于另一种模式，而且用户自己并没有意识到。这种模式差错导致了许多空难事故，机组人员误以为系统处于另一种模式，将操纵指令输入飞行管理系统。这类飞行管理系统有一个共同的问题，那就是没有将当前的飞行模式很好地呈现给用户。因此，任何多模式维修设备的潜在购买者都应在一开始就确定，提供给用户的当前模式信息是清晰和明确的，这一点至关重要。简而言之，就是确保模式标记清楚并且容易理解。

9.4　工具保管

工具保管习惯等问题是组织文化的有力指标。如果在作业完成后把剩余电线等材料留在地面或是将拆下的部件任意存放，则这个环境可能比较频繁地出现差错，并且会造成较为严重的后果。

当不良的工具保管习惯已经存在了很长一段时间却没有采取任何措施时，它会成为系统异常的显性标志。除非有管理疏忽，否则不良的工具保管习惯不可能长期存在下去。这种管理疏忽有三种类型。

- 管理层进行了检查，也发现了问题，但未采取任何措施。
- 管理层进行了检查，但被蒙蔽了，没有发现问题。
- 管理层没有经常进行检查。

工具保管的秘诀是走折中路线，一方面，避免过度谨慎地关注清洁、整洁和表面形式的极端；另一方面，也要避免忽视懒散危险的极端。这两种极端都会造成不良后果。需要找到一种工具保管标准，既能满足安全、快速和有效操作的需要，又不能超出这些目标太多。

9.5　备件、工具和设备

备件、工具和设备可用性之类的实际问题是员工在面对障碍和挫折的情况下努力完成任务时产生人为差错的最重要的原因。处理这些问题不需要专门的心理学知识，只需要认识到管理差错的一个重要因素是正确处理任务环境。这些问题可能是工作场所检查的核心内容。下面列出了关于备件、工具和设备的一些关键问题。

- 员工是否使用过未经批准的工具或设备？
- 等待维修时，是否有无法使用的维修设备留在工作区域内？
- 经常使用的备件或耗材是否缺货？
- 如果昼夜不停地进行维修，则技术支持是否在所有时间都可用？
- 当地是否有跟踪工具的系统？
- 工作区域是否整洁？
- 拆卸下来的部件是否以合适的方式保存或贴上标签？
- 设备被送去维修和校准时，是否有替换件？

9.6　使用程序来管理疏漏

在第 2 章中，我们认为重新组装或安装过程中的必要步骤，即疏漏，是最常见的维修差错形式。一些研究表明，维修工作中一半以上的人为因素问题都是疏漏。在本章的后面部分，我们将通过预先确定维修程序中产生疏漏的任务步骤重点论述疏漏差错的管理，并提供适当的提示。

疏漏是特别危险的，因为它们可能会导致普通形式的疏忽，在这种情况下，位于缺失部件或材料"下游"的一些功能相关部件可能无法使用。此外，疏漏在被发现前，可能会隐藏一段时间，甚至更严重的会与局部触发因素相互作用并引发事故或事件。因此,有些很重要的例子表明需要把疏漏视为有具体目标的一个类型进行差错管理。幸运的是,我们掌握了很多可能产生疏漏的任务步骤的特征。提前了解可能发生疏漏的情况至少是有效差错管理的一半工作。另外一半工作是寻找有效方法,让人们关注疏漏发生的可能性,从而避免疏漏。

　　1) 诱发疏漏的特征

　　具体来说,有四个因素决定了某个任务步骤发生疏漏的可能性[5]。第一个因素是该步骤的记忆量,即为完成该步骤必须在大脑中存储的信息量。步骤的记忆量越大,就越有可能疏漏掉该步骤的部分或全部信息。第二个因素是显著性。隐藏的或不引人注意的事项更有可能被忽略,特别是在重新组装的过程中,更换这些部件需要一个明确的记忆行为。第三个因素是该步骤在任务序列中所处的位置。有两个位置上的步骤容易被忽略,序列中间的步骤以及靠近序列末端的步骤。序列中间的步骤是否容易被忽略取决于它们的性质,但是几乎所有靠近任务结束的步骤都特别容易被遗忘或提前结束。第四个因素是局部线索。很多步骤都以前一个步骤为线索或受到前一个步骤的提示。例如,螺栓露出提示要更换垫圈和螺母,空的螺钉孔提示要插入一个新螺钉等。然而,这些步骤与任务的其余部分在功能上通常是孤立的,特别是在装配时,这种孤立使它们特别容易被疏漏。

　　所有这些因素综合起来就会产生日常生活中最常见的一种疏漏,例如在一台复印机上复印了一份散页文件之后,忘了拿走原件的最后一页。第一,拿走原件最后一页的动作在功能上是孤立的。由于需要放入一页新的原件,所以给了拿走前面几页一个动作提示。第二,最后一页是隐藏在复印机盖下面的。第三,它发生在复印序列的最后阶段,这时人的大脑已经在思考下一项工作了。第四,末端位置之所以更加复杂是因为它发生在任务主要目标完成之后。我们刚刚看到最后一页复印件,这是提示离开的强烈信号。这种诱发疏漏的作用是可以叠加的。在一个步骤里,结合的特征越多,就越有可能发生疏漏。

2）任务步骤检查清单

将这些一般原则转化为实用差错管理工具的一种方法是采纳表 9.1 清单中所列的 20 个项目。

表 9.1　任务步骤检查清单

说明：将此检查清单应用于任务分析或手册确定的所有任务步骤中。如果不确定，则给该特征记录肯定的分数。将每个任务步骤的分数加起来然后输入记分表的总分列中（见正文说明）。

容易疏漏的特征	评　分
1　这一步骤在过去的差错中是否被疏漏？	如果是，评分为 3
2　这一步骤是否为安装或重新组装顺序的一部分？	如果是，评分为 3
3　这一步骤是否包含例行和非常熟练的操作？	如果是，评分为 2
4　这一步骤是否包含查询与局部特征不符的书面程序？	如果是，评分为 2
5　这一步骤在功能上与其他步骤是否是孤立的（即没有明显以之前的操作为线索，或者说是独立的）？	如果是，评分为 2
6　执行这一步骤与上次执行这一任务是否有变化？	如果是，评分为 2
7　这一步骤是否包含其他较为类似的任务中不需要的操作或事项？	如果是，评分为 2
8　如果因为差错忽略了这一步骤，它的缺失在后续是否会被掩盖？	如果是，评分为 2
9　这一步骤是否包含依赖某些局部特征或要求的重复操作（即循环）？	如果是，评分为 1
10　这一步骤是否包含安装多个零件（衬套、垫圈、螺母等）？	如果是，评分为 1
11　这一步骤是否需要不容易看见、不容易发现或不容易掌握的提示或工具？	如果是，评分为 1
12　这一步骤是否发生在任务结束前后？	如果是，评分为 1
13　这一步骤是否发生在任务的主要目标实现之后且实际完成任务之前？	如果是，评分为 1
14　这一步骤的执行是否容易被中断或受到外部干扰？	如果是，评分为 1
15　这一步骤是否可能由开始时未执行任务的人执行？	如果是，评分为 1
16　这一步骤的执行是否取决于先前的行为、条件或状态？	如果是，评分为 1
17　这一步骤是否要求记住详细的说明？	如果是，评分为 1

（续表）

容易疏漏的特征	评　分
18　这一步骤是否要求将工具或不需要的物体从任务附近位置移开？	如果是,评分为1
19　这一步骤是否涉及多个紧固件的安装和调整？	如果是,评分为1
20　这一步骤在执行当前任务的过程中是否有时不需要？	如果是,评分为1

任务步骤检查清单由具有工作经验,并且能够访问质量疏忽或差错报告系统的员工(如质保部门的员工),结合具体任务程序使用。下面所述的程序与更换机轮有关,但也可用于其他的维修任务。

(1)选择一个操作或项目容易疏漏的任务,特别是疏漏会严重危害安全的任务。

(2)将这个任务拆分为几个子步骤。每个步骤都被定义为一组实现必要子目标的操作(如安装轮轴垫圈)。不要尝试将步骤拆分成操作组成(如找到轮轴垫圈,握住轮轴垫圈,将轮轴垫圈放在前起落架轮轴上等)。这不是操作工时研究。例如,波音手册中提供的具体细节足以对步骤进行标定。

(3)在评分表中输入任务步骤的描述摘要。评分表中的行表示任务步骤,列表示诱发疏漏的特征。任何一个步骤都可以从几个特征进行评分,因此评分表应当包含20个评分列,每一列对应一个容易疏漏的特征。

(4)可以认为,某些步骤不太可能被疏漏(或者这种疏漏能很快被发现),它们不需要涵盖在这个步骤清单中。对于拆除和安装一架飞机前起落架机轮和轮胎的步骤,不必包含的步骤有拆除轮轴保护器或使用机轮更换吊车将机轮和轮胎组件移动到轮轴的合适位置上。

(5)使用任务步骤检查单,对20项容易疏漏的特征(见表9.1)的每个确定步骤进行评分。注意,这些特征都有不同分数,能够反映它们对于预测疏漏的重要性。对于每种特征,使用专业的工程判断决定"是"或"否"。如果没有任何疑问,则最好将该特征评定为"是"。

（6）识别 5～10 个评分最高的步骤。这些分数是将各个步骤的所有特征得分相加之后输入总分列得到的。考虑为每个任务步骤准备适当的提示。

3）附加注解

下面列出的注释将分别进一步解释 20 个诱发疏漏的特征。每一个注释的编号都与任务步骤检查单中的数字编号相同（见表 9.1）。

（1）以前这一步骤的疏漏可能被记录为质量疏忽，也可能没有记录。向定期执行此项任务的人员了解是否对疏漏的步骤做了记录（或者后来发现并纠正），明确这一点很重要。

（2）这里，重要的区别是拆卸和重新组装。重新组装比拆卸更容易发生错误。

（3）心不在焉的疏漏只可能发生在自动控制模式的任务或子任务中。

（4）当工作人员看到的程序、手册或工单中的文字或图表与实际不符时，经常会出现错误疏漏。

（5）这一特性需要分析人员进行一定程度的判断。如果某一步骤在某种程度上与任务序列的其余部分分开，而且/或者没有明显受到先前行为的暗示，那么它在功能上是独立的。

（6）当此项工作的执行最近发生新变化时，此特征适用。例如，也许已经决定，现在需要在任务序列的特定阶段进行额外的检查，或者现在还需要一些其他的操作。这些"增加项"很容易被遗忘。

（7）这个特征包含负向迁移，即某人由一个工作转移到另外一个有很多相似点但也有一些重要不同点的工作。例如，在一些飞机上，轮隔片通常是固定在机轮上的，而在另一些飞机上却不是。发生后一种情形的原因可能是因为忘记安装轮隔片。当技术员从某种机型换到另一种机型，而且要求的操作之间通常只有细微差别时，就会发生这种情形。

（8）很多疏漏（如漏掉垫圈、隔片、罩子、紧固件等）通常会被后续的重新组装或安装活动隐藏起来，使得疏漏难以被发现和纠正。

（9）为满足某些局部条件而包含递归或重复先前操作的步骤特别容易

疏漏。

（10）一个步骤经常包括多个部件的安装（如 3 个垫圈、10 个螺母等），其中的一些部件很容易被疏漏。

（11）不显眼或触手可及的步骤或部件会受到"看不见，想不起"原则的影响，容易被疏漏。

（12）在任务接近完成时发生的步骤容易过早结束，在这种情况下，工作人员没有完成第一项工作就开始下一项工作了。

（13）有时，任务的主要目标在所有必要的任务步骤完成前就已经实现。例如，在安装主齿轮和轮胎时，主要目标是安装机轮和更换轮毂罩，这个目标在任务结束前就已经实现。剩下的工作是关闭断路器、移除标签、测试轮胎压力等。在时间紧迫和工作量大的情况下，后面的这些步骤特别容易疏漏。

（14）原则上，所有的步骤都容易被干扰或中断，但一些步骤比其他步骤更容易被干扰或中断。要决定该步骤是否更容易被干扰或中断需要结合局部知识进行判定。

（15）在很多维修活动中，开始某项工作的人员常常不是结束该项工作的人员。在这种情况下，出现疏漏的风险更大。

（16）有时，某个特定步骤的表现取决于执行任务前期遇到的某些状态或条件。这些条件步骤容易被遗忘。

（17）维修中的很多步骤都需要记住大量的信息或者查阅一些程序。由于人们很少能同时进行"读取和执行"，因此常常会忘记和疏漏正确执行该步骤所需的一些信息。

（18）质量错误和差错数据的事实清楚地表明，维修人员经常会忘记将工具和外来物品从作业区域带走。同样，这种情况可能会在任务序列的后期发生，但它仍然是特殊和独特的情况。

（19）紧固件，特别是多个紧固件，非常容易被疏漏。同样，它们也可能在未完成的情况下提前结束。

（20）在某些情况下需要，但在其他情况下不需要的步骤容易被遗漏，特别是当需要执行这些步骤的情况相对较少时。

4）良好提示的特征

实际开展工作的人员通常最清楚应当使用什么提示来标记容易疏漏的步骤或事项。然而，不管采用什么形式的提示，都有很多可用来唤起有效回忆的原则。表 9.2 列出了这些原则。

表 9.2　良好提示的十个原则

为了起到有效作用，提示（避免疏漏必要工作步骤的记忆辅助物）应满足以下五个原则。	
显著性	一个好的提示必须能够在关键时刻吸引维修人员的注意力
紧密性	一个好的提示在时间和距离上都要尽可能靠近必要的工作步骤
环　境	一个好的提示应提供关于需要记住的工作步骤必须在什么时间和位置执行的充分信息
内　容	一个好的提示应提供充分信息，以告诉维修人员要做什么
计　数	一个好的提示应能够让维修人员罗列出正确执行工作步骤所需的具体操作或事项
除了应满足以上主要原则，一个好的提示可能还应满足以下次要的原则。	
全面性	一个好的提示应当对一系列需要记住的步骤都有作用
强制性	一个好的提示应当（若获准或有可能）强制技术人员采取必要的措施，阻止进一步采取某个步骤，直至任务完成
确认性	一个好的提示应当帮助技术人员检查是否按照计划执行了必要的步骤；换句话说，提示应在步骤执行完成后继续存在，并且清晰可见
便捷性	一个好的提示不应该导致不必要的其他问题，特别是不应该导致结果比可能的疏漏更糟糕的问题
结　论	一个好的提示应该在操作和检查完成后方便移除

大多数维修单位都使用了某种提示，因此不难理解，提示就像其他任何一种差错管理工具一样，有着自己的局限性。人们容易忘记和忽略它们。它的影响力也会逐渐减弱。同一个提示在一个地方停留的时间越长，就越有可能变成背景板的一部分。为保持有效性，必须要更新和激活提示，而这方面的努力都

是值得的。即使它们仅能成功防止所有可能疏漏差错的四分之一,仍能对严重的人为因素问题产生重大影响。

9.7　小结

在本章中,我们集中讲述了对差错的产生有重大影响的维修任务和环境的几个主要方面。差错管理既要正确处理任务和环境问题,也要关注人的问题。我们注意到,原则能够指导值班表的设计,而疲劳评估软件则有助于轮班制度的设计。随后,我们考虑了任务频率和设计问题,然后简要确认了基本问题的重要性,如工具保管以及备件、工具和设备的可用性。疏漏是最常见的维修差错。因此,需要特别重视疏漏管理。我们还概述了一种方法,可以确定容易疏漏的任务步骤。在下一章中,我们将重点论述最广泛层面上的差错管理,即整个组织或系统的差错管理。

注释

1　P. Knauth, 'Changing schedules: shiftwork', *Chronobiology International*, 14, 1997, pp. 159–171.

2　D. Dawson and A. Fletcher, 'A quantitative model of work-related fatigue: Background and definition', *Ergonomics*, 44, 2001, pp. 144–163; A. Fletcher and D. Dawson, 'A quantitative model of work-related fatigue: empirical evaluations', *Ergonomics*, 44, 2001, pp. 475–488.

3　A.E. Majoris and E. Boyle, 'Maintainability', in G. Salvendy (ed.), *Handbook of Human Factors and Ergonomics* (2nd edn) (New York: Wiley, 1997). See also B. S. Dhillon, *Engineering Maintainability: How to Design for Reliability and Easy Maintenance* (Oxford: Butterworth-Heinemann, 1999).

4　See D.A. Norman, *The Psychology of Everyday Things* (New York: Basic Books, 1988). Also D. A. Norman and S. W. Draper, *User Centered System Design* (Hillsdale, NJ: Erlbaum, 1986).

5　J. Reason, 'How necessary steps in a task get omitted: Revising old ideas to combat a persistent problem', *Cognitive Technology*, 3, 1998, pp. 24 – 32.

第 10 章　组织措施

前几章中反复论述的一个主题是，虽然差错是人的行为，但促使差错产生的条件则是整个维修系统共同作用的结果。即使有过于重复之嫌，我们仍要再次重申：差错管理不仅需要在个人或工作场所层面上采取措施，而且需要单位的各级部门采取措施。本章将讨论对维修差错和维修事故有重大影响的"上游"组织因素的管理方法[1]。

10.1　事故是如何发生的：提示

在研究具体的管理工具之前，让我们简要回顾一下不幸事件的性质。本书中提到的"事件"是指所有不希望发生的意外事件。它的范围可以从无关紧要的差错到灾难性的事故。所有的事件都包含三个基本组成部分：

- 因果因素，包括差错、违规、潜在系统条件、技术故障等。
- 时间，是指一个时间点，在这个时间点上，各种因果因素结合在一起，产生了打破部分或所有系统防御措施的通道。
- 后果，如上所述，后果涵盖的范围很广，从微小的不便到惨烈的生命和财产损失。

既然我们不能轻易地控制事件发生的时间，就只能从等式中去掉一些更具破坏性的因果因素，从而降低防御措施被攻破并诱发不良后果的可能性。我们可以通过两种方式做到这一点：一种是采用被动结果措施，即从过去的事件中吸取正确的教训；另一种是采用主动处理措施，评估系统的安全状态，然后采取有针对性的补救措施，增强系统对操作风险的基本抵抗能力。共同使用这两种数据收集方法，可以在多个维修事故原因造成伤害、损失或损坏之前发现并解决。我们将在下一节中讨论这两项措施。

事件发生的时间，特别是在复杂、防御严密的系统中，很大程度上要看运气。我们可能对自己手上的牌有一定的影响。但是，具体什么时候发牌，很大程度上取决于运气。

各种事故诱发因素集合起来产生的后果主要是由局部情况决定的。如果局部情况是好的，那么后果可能无关紧要；如果局部情况是糟糕的，那么后果可能是灾难性的。如果管理层努力使整个系统更能容纳灾难，那么可以在一定程度上减轻后果的影响。

10.2　被动措施和主动措施：共同作用

前面提到的被动结果措施和主动处理措施在功能上是互补的，可以确定组织在某个给定的时间最需要改善的核心活动。表 10.1 总结了这些措施的互补作用。

表 10.1　被动结果措施和主动处理措施的互补作用

	被动结果措施	主动处理措施
工作场所和组织因素	对多起事件的分析可以揭示在单个事件中无法察觉的因果循环模式	对系统重要迹象的常规取样揭示了最需要纠正的方面，从而可以在适合性或适应性方面稳步提高
防御措施、屏障和保障措施	每个事件都表明部分或完全攻破了维修系统的多层防御措施	这些定期检查也发现了当前存在的防护弱点以及将来可能出现的防护弱点

所有的维修活动都有一些共同因素,这些因素对整个系统的商业成功和安全健康都有深远影响。在组织级别上,这些因素包括组织结构、培训选拔、人员管理、工具和设备的提供、商业和经营压力、计划和日程安排、沟通以及厂房和设备的维修。所有这些工作,加上员工和管理层不言而喻的观念、价值和标准,都对组织文化起到了决定性作用,其中安全文化是组织文化的一个重要构成要素。

这种“上游”影响决定了特定工作场所的局部因素。这些局部因素包括知识、员工的技能和能力、工具和设备的质量、零件的可用性、文件资料、手册和程序、进入工作的轻松程度、计算机支持等。反过来,这些因素对具体维修人员的可靠性和效率有直接的影响。回顾第 2 章中采用的蚊子类比法,这些因素可能是产生差错和违规的“沼泽”,也可能是持续良好表现的必要条件。在任何一种情况下,我们都需要建立一个监督和有针对性改进的连续循环。如果忽视了这种审查和改进过程,则这些核心活动很可能成为诱发将来事件的因果因素。

10.3　被动结果措施

任何想要认真减少和控制人为因素问题的公司,都必须先了解公司系统内发生的差错性质和种类。安全文化是一种知情文化。只收集并分析那些因为产生了严重后果而被记录下来的维修差错是不够的,这些差错只不过是显露出来的冰山一角。为了充分评价重复出现(因此可以管理)的差错模式,并且为了能够以最有效的方式部署有限的差错管理资源,需要了解幸免和“没有代价的教训”,也就是差点发生的差错以及被及时发现和纠正,未造成不良影响的差错。

为了了解这一情况,必须说服员工以充分的细节和足够的数量报告这些低成本事件,以供使用。这不是一件容易的工作。人们不会轻易承认自己的错误。但正如一些成功方案所证明的那样，这是可以实现的。这里有两个必要的前提：信任和报告的便捷性。信任问题是安全文化的核心。信任取决于每个人对可接受和不可接受行为之间区别的理解。这一比值通常为 9∶1，也就是说，90%与维修相关的差错属于无过错的范畴，如果上报的话，不应受到制裁。实际上，他们的报告应当受到奖励。第 11 章将讨论公正文化（以及报告文化）如何通过社会工程来实现。从许多方面来看，这是本书中最重要的一章。没有安全文化的支持，任何差错管理的尝试都只能取得非常有限的成功。

一旦有足够多的差错报告，就有可能根据与差错发生有关的各种因素进行分析。这些差错因素包括人员、任务、设备的位置或类型。

图 10.1 描述了与各种差错因素有关的两种可能的差错频率分布。左边的分布显示差错对于各个因素是均匀分布的，如果差错的发生与横轴上的因素之间的关系在很大程度上是随机的，那么这种分布与我们的预期一致。然而，右边的分布却显示许多差错集中分布在某些特定的因素上，这表明只有某些因素可以引起人为因素问题。这些系统模式最为相关，因为它们允许将有限的差错管理资源用于最需要进一步调查和处理的领域。

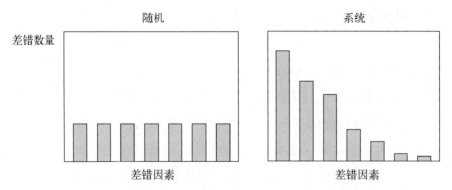

图 10.1　与各种差错因素有关的两种可能的差错频率分布

反复出现的差错模式为系统内部存在的差错陷阱提供了一个重要线索。差错陷阱是指在工作场所或系统中不断产生相同类型差错的情况，不论谁来执行工作。问题显然出在环境而不是人的身上。一个安全组织最典型的特征之一就是它能够努力找到并排除差错陷阱。

维修差错判断辅助工具(MEDA)[2]是专门针对维修环境设计的有效事件分析工具中的一个很好的例子。维修差错判断辅助工具是戴维·马克思(David Marx)(当时是波音公司的工程师)发明的,我们将在下一章讨论他在维修组织中创建公正的报告文化方面所做的工作。尽管维修领域内有多种事件报告系统[3],但维修差错判断辅助工具是最具原则性也是使用最广泛的一种工具。波音公司把它免费提供给所有的航空公司客户。尽管它是根据飞机维修人员的需要定制的,但它能轻松适应所有类型的维修操作。

维修差错判断辅助工具的结果格式由以下 5 个部分组成:

- 第 1 部分: 收集有关的航空公司、机型、事件时间等一般信息。
- 第 2 部分: 描述运行事件(如航班延误、取消、返航、发动机空中停车、飞机损坏、受伤、备降等)。要求用户简要描述事件,不超过 20 个字。
- 第 3 部分: 识别维修差错的性质。差错分为以下七大类:
  - 安装不正确。
  - 维护不当。
  - 故障隔离/检查/测试不当。
  - 异物损伤。
  - 周围设备损坏。
  - 人身伤害。
  - 其他。
- 第 4 部分: 识别工作场所或组织内可能引起差错的因素。我们在下面将做详细的描述。
- 第 5 - a 部分: 识别不合格的防御措施,即询问是否有任何本应阻止事件发生的现有程序、文档、流程或政策,但实际没有。
- 第 5 - b 部分: 要求分析人员分条列举应在局部和整个组织范围内采取的建议纠正措施,以防止事件再次发生。

　　因此,第1～3部分回答了关于"是什么"的问题;第4部分回答了"怎么办"和"为什么"的问题;第5-a部分确定了失败的系统屏障,第5-b部分概述了可能的解决方案。

　　实际上,维修差错判断辅助工具和分析过去事件的其他工具提供的反馈信息,可以通过更加积极主动的措施不断增多。这些主动措施包含持续评估工作场所已知的产生差错的因素,以及定期检查有助于组织的安全健康的系统因素。

10.4　主动处理措施

　　各种审查也许是最常用的主动处理评估工具。然而,在最近的20年里,已经设计出了其他的主动处理手段,这些手段在很大程度上依赖于第一线人员的标准化判断。与审查不同,这些工具都是自下而上的处理手段,由下向上发送信息,而不是由上向下的工具。它们可以让主管或管理人员了解第一线的真实工作状况。特别值得说明的是,它们还可以用来确定对人员行为产生有害影响的工作场所因素和组织因素,并能确定这些因素的优先顺序。主动处理措施不依赖于先前发生的差错或不良事件;它们的目标是确定以后可能会导致事故的工作场所因素和组织因素,并且在最需要注意的问题上采取直接补救措施。

　　管理工程安全与健康(MFSH)[4]是这类主动处理措施的一个例子。它是在20世纪90年代初为英国航空工程公司创建的,后来被新加坡航空工程公司采用。管理工程安全与健康是一套诊断工具,用于发现当前影响工作表现的最严重的具体维修工作场所因素、环境因素和组织因素。总体而言,这些措施用于指示局部工作场所和整体的系统安全(和质量)健康状况。方便起见,整个诊断包是在一个关联计算机程序套件中实现的。

　　管理工程安全与健康基于以下假设。

- 安全不仅仅会产生负面结果，它是系统本身抵抗运行危险和事故诱发因素的一项功能。这种恢复力叫作"安全与健康"。

- 安全与健康是局部工作场所和组织层面的许多因素相互作用产生的。

- 一个系统的安全与健康只能通过定期度量这些局部因素和组织因素的有限子集进行有效评估和管理。

- 管理工程安全与健康旨在提供维持长期适当计划所需的各种度量。

具体评估哪些局部因素取决于工作场所。有些因素对所有场所都是相同的，但有些因素则因场所而异。例如，以下 12 种局部因素被认为适合一线维修人员在机库进行通宵"急救"维修。

- 知识、技能和经验。

- 士气。

- 工具、设备和零件。

- 支持。

- 疲劳。

- 压力。

- 时段。

- 环境。

- 计算机。

- 文件、手册和程序。

- 不便。

- 人员安全特征。

这些因素并非详尽的清单，就像民意调查一样，它们旨在对工作环境的质量进行抽样调查。

通过简单的主观评价，来评价这些局部因素造成少数工作、天数或任务问题的程度（具体程度取决于具体的工作场所）。这些评估是直接在电脑上通过鼠标或键盘进行的。

对这些局部因素的评估是通过在任意给定工作场所结合 20％和 30％的第一线工作人员开展的。评委是随机挑选的，并且每个人都会定期评分。在一些领域，每周进行一次评估；而在另一些领域，则每月进行一次评估更加合理。一组评委工作一段时间，比如一个季度，然后再随机挑选一组新的评委继续工作，以此类推。这种挑选方法符合管理工程安全与健康作为一种取样工具的事实。

评委匿名评估。评委登录管理工程安全与健康程序，按要求给出分数、行业和工作场所信息。在完成评分后，评委们会收到一份个人意见分析总结和一份过去四周内所有评分的累积概要文件。

图 10.2 所示为局部因素分布图的一个典型例子。纵轴依次表示每个局部因素在给定时间段内执行多种任务时引起问题的相对程度。分布图一目了然，给出了最需要纠正的局部因素，目的在于让局部管理层将精力集中在最严重的几个局部因素上。资源总是有限的，针对某些特别的问题胜于尝试处理所有的问题。因此，局部因素分布图可以让管理层确定未来一段时间内质量和安全目标的先后顺序。

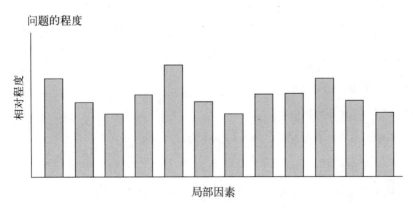

图 10.2　局部因素分布图

注：通常将特定局部因素标识在横轴上。

管理工程安全与健康程序还包含一个"备注"功能，方便用户描述具体的问题案例。事实证明，这对指导后续的补救行动非常有用。应该强调的是，管理工程安全与健康补充但没有取代现有的质量问题报告系统。

虽然要评估的局部因素因工作场所而异,但在每个维修场所都要衡量同样的八个组织因素,如下所示。

- 组织架构。

- 人员管理。

- 工具和设备的提供和质量。

- 培训和选择。

- 商业和运行压力。

- 计划和调度。

- 厂房和设备的维修。

- 沟通。

一线维修人员评估的是局部因素,而组织因素则需要技术管理级别的人员,即整个组织与具体工作场所的交接人员,做出判断。由于组织因素的变化可能比局部因素慢,因此可能会减少所做评估的频率,比如每月一次或每季度一次。

与局部因素评估一样,管理工程安全与健康程序将组织因素数据归纳为柱形分布图,目的是确定几个最需要改进的组织因素。随后的分布图提供了关于这些补救措施成功与否或其他信息的反馈。

总之,管理工程安全与健康通过在局部和组织层面定期评估系统的重要迹象,关注质量和安全的积极方面。它为管理层提供了"软"数字,便于他们对人为因素问题进行优先排序,并跟踪这些问题的解决进度。

管理工程安全与健康只是主动处理措施的一个例子,并不是另一个安全"辅助工具"。它们衡量的是与生产和质量以及安全相关的局部因素和组织因素。正因为如此,它们是任何管理人员专业工具包中都必不可少的一项工具。这些工具也不能代替现有的安全与质量措施,只能扩展和整合这些措施。事实上,成功应用管理工程安全与健康这类工具的一个先决条件是已经部署了其他

"好的做法"。我们将在第 12 章进一步讨论这些措施的整合。

10.5　确定防护措施的漏洞

尽管我们竭尽全力防止维修差错的发生，仍然会发生一些差错。所以，我们需要确保我们的系统具有尽可能大的容错能力。我们可以通过确保采取适当的防御措施来做到这一点。在这种情况下，有两种防御措施很重要，一种是检测差错的措施，另一种是容纳未发现的差错造成的后果的措施。

这里，必须要考虑两个问题。第一，差错总会发生。第二，差错有可能，甚至极有可能，会产生超出现有任务范围的不利后果。维修人员专注于具体的工作，可能不会自然而然产生这种想法。因此，管理人员需要有这种想法，因为他们的职责超出了具体工作场所的界限，以便采取积极措施，提高发现和纠正不可避免差错的可能性。如果未能发现和纠正，就要确保这种差错在系统的其他部分不会产生不良后果。虽然个别差错在很大程度上是不可预测的，但只要我们去找，随时都能发现防御措施的漏洞。下面是一个问题列表，如果答案是肯定的，则说明差错检测防御措施存在弱点。

- 工作是自我检查还是由同一个工作小组的成员检查？
- 功能检查是否出于时间的压力而被省略或简化？
- 维修人员是否有足够的时间进行所有必需的功能检查？
- 是否要求进行一些明显不必要的功能检查？
- 工作场所的氛围是否妨碍对同事的工作进行的全面检查？
- 是否有些安全关键任务缺乏差错检测防御措施？
- 功能检查是否主要安排在轮班结束，员工可能比较疲劳时？
- 当检查结果表明事实并非如此时，是否对工作做了已完成和符合要求的签收？

- 系统是否已经通过了维修后的测试,但在恢复使用时又不能工作?

如果以下问题的答案都是否定的,那么容纳差错的防御措施很有可能是不充分的。

- 如果对"正在工作"的系统进行维修,则是否在对系统其他部分造成最小中断的时间进行维修?
- 作业许可制度是否充分?
- 是否努力避免多个冗余系统同时中断?
- 是否使用了交错维修来避免维修差错导致的中断?
- 维修后,系统在恢复全面使用之前是否在宽容的环境中运行过?
- 操作人员或生产人员是否了解最近的维修活动?

我们永远不能保证能够避免所有不良事件,但是,我们可以通过加强防御措施,尽可能识别和消除隐藏在所有系统中的已知因果因素,来增加系统本身抵抗差错的能力。零事故、无灾祸和完全摆脱人为因素问题都是不现实的目标。但是,在合理可行的情况下,尽可能地抵抗运行风险却是可实现的目标。当然,这不是说为了阻止风险而完全关闭设施,而是你希望得到又不影响持续运营的最好结果。

10.6　小结

本章开头部分提醒读者事件是怎么发生的,包括三个部分:因果因素、时间和后果。虽然我们不能影响差错发生的时机或者完全避免差错,但是我们可以努力确定并排除许多因果因素,特别是系统当前已存在的一些因果因素。此外,我们还可以通过增强防御措施、屏障和防护措施,特别是涉及发现和容纳不安全行为的措施,来减轻差错产生的后果。

一个组织想要有恢复力,前提条件是有一个全面的安全信息系统。安全信息系统包含两部分内容，即被动结果措施和主动处理措施。可以把这些措施结合起来，以确定工作场所和组织中的差错诱发因素，同时揭示防御措施中的漏洞。

维修差错判断辅助工具（MEDA）是有效被动结果措施的一个例子，方便分析人员追踪不良事件的系统原因。管理工程安全与健康（MESH）则是主动处理措施的一个典型例子，旨在在酿成不良事件之前确定系统弱点并指导纠正过程。本章最后提出了一系列问题，用以确定防御措施在差错检测和差错容纳方面的不足。

下一章将讨论组织文化的首要问题。文化，特别是安全文化，会对维护系统的各个方面产生一致的影响（无论好坏）。树立正确的组织文化可能是安全管理中最重要的一个内容。

注释

1　This is not a management textbook and our intention is not to provide general advice on how to manage maintenance operations. There is no shortage of guidance available on safety management; see, for example, R.H. Wood, *Aviation Safety Programs: A Management Handbook* (2nd edn) (Englewood, CO: Jeppesen, 1997). The relevant international standards should also be familiar to maintenance managers. See also ISO 9001: 2000: *Quality Management Systems — Requirements* (Geneva: International Organization for Standardization, 2000) and *AS/NZS 4360 Risk Management* (Sydney: Standards Australia, 1999). More will be said about quality management in Chapter 12.

2　Boeing, *Maintenance Error Decision Aid* (Seattle, WA: Boeing Commercial Airplane Group, 1994).

3　See J. Moubray, *Reliability-centered Maintenance* (New York: Industrial Press, 1997).

4　J. Reason, *Comprehensive Error Management in Aircraft Engineering: A Manager's Guide* (London Heathrow: British Airways Engineering, 1995). See also Chapter 7 (pp. 125 – 155) in J. Reason, *Managing the Risks of Organizational Accidents* (Alder-shot: Ashgate, 1997) for further details of MESH and its predecessors.

第 11 章　安全文化

11.1　什么是安全文化?

几乎所有人都会使用"安全文化"这个词,但很少有人真正理解安全文化的具体含义,或者懂得如何衡量安全文化。社会科学文献提供了大量的定义,每一个定义独立看来并不是特别有用,但把它们总结起来,可以将安全文化要素细分成两部分[1]。第一部分是组织成员在追求安全方面的观念、态度和价值观,通常不言而喻。第二部分更加具体,包括组织所拥有的,并用来实现更高安全性的组织结构、做法、控制措施和政策。

与其徒劳地寻找一个完整的定义,我们更愿意强调安全文化的一些重要属性。如下所示:

- 安全文化是一个"引擎",无论当前面临怎样的商业压力或者谁来担任最高管理职务,它都将继续推动组织朝着最大限度实现安全的目标前进。首席执行官及其身边同事的承诺会对一个公司的安全价值观和做法产生重大的影响,最高管理者可能不断更换,但不管怎样变化,真正的安全文化必须持续存在下去。
- 安全文化提醒组织成员注意运营风险,并留意人员和设备可能出现的疏忽。它将这些故障视为正常现象并制订应对故障的预防措施和应急预案。安全文化是一种谨慎的文化,它对可能出错的事情有一种集体意识。

- 安全文化是知情文化，它知道安全的"边缘"，而不必"越界"。在相对较少发生不良事件的行业中，知情并不是一件容易的事情。

- 知情文化只能通过创造一种信任的氛围来实现，在这样的氛围里人们愿意承认自己的差错和幸免。只有通过这种方式，系统才能识别出诱发差错的情况。只有通过收集、分析和传播与过去事件和幸免有关的信息，才能确定安全运行和不安全运行的界限。没有这样的集体记忆，系统就无法学习。

- 知情文化是一种公正文化，它同意并了解免于责备和应受责备的行为之间的区别。有些不安全的行为应该受到纪律处分。尽管这种行为可能很少，但不能忽略。如果没有一种公正文化，就很难（即使有可能）建立一种有效的报告文化。

- 安全文化是一种学习文化，在这种文化中，同时使用被动和主动措施（见第 10 章）指导持续和深入的系统改进，而不是仅仅作为局部的解决方案。学习文化利用计划发生与实际发生情况之间不可避免的矛盾来挑战自己的基本假设，并且在它们表现出不适应时愿意进行改变。

这一系列的属性表明安全文化有许多相互关联的部分。图 11.1 给出了安全文化的主要组成部分，我们将在下文开展更加详细的讨论。

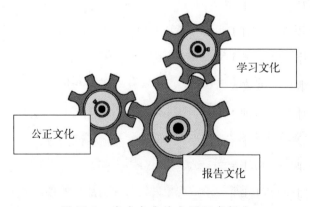

图 11.1　安全文化的主要组成部分

11.2　是否能够设计出更安全的文化？

在某种程度上，答案是肯定的，但它完全取决于你要改变的文化特征。我们在前文提到，安全文化的科学定义包含两部分的内容，第一部分是组织的定义（观念、态度和价值观），第二部分是组织做什么（结构、做法、政策和控制措施）。在面对选择时，大多数组织都会通过各种激励措施寻求改变第一部分，包括恐惧诉求、威逼利诱（几乎是处罚）、以不安全行为人员为典型反面教材、指名道姓、责备羞辱、重新培训，当然还有那种古板的"管理膝跳反应"，即另外编写一个程序。这与普遍的人为差错中人的模型一致，这种观点认为差错和违规完全是因为人性的反常和不可靠导致的[2]。由于本书的大部分内容都在努力反对这种观点，所以我们支持后一种改变行为的做法。下面说明其中的一些原因。

吉尔特·霍夫施泰德（Geert Hofstede）是文化领域的专家，他很好地阐述了这一情况："按照既定的方向改变成年人的集体价值观，即使有可能做到，也是极其困难的。"[3]价值观、观念和态度是可以改变的，但没必要直接去改变。最好是通过改变组织的做法来间接处理这个问题。尽管普遍观点认为，态度和观念等精神状态可以推动行为的改变，但反过来，行为也会推动态度和观念的改变。比如引入有效的做法和结构可以让人们的价值观发生相应的变化。

以吸烟为例，在 20 世纪 60 年代，吸烟非常普遍，有医学证据表明吸烟与肺病和心脏病高发有很大的关联。但那时几乎只有看到 X 光片上肺肿瘤的医生，或者是治疗心血管疾病的医生才会建议患者改变吸烟行为。现在，至少在许多国家，吸烟只是少数人的习惯。是什么发生了变化呢？是戒烟的人认为不戒烟会缩短他们的寿命吗？也许有一部分人的确这样认为。但大多数吸烟的人发觉自己越来越受到社会规范的排斥，社会规范限制了允许吸烟的场所。他们也许会继续吸烟，但只能在最糟糕的地方吸烟，比如站在飘雨的办公室外，或者挤在机场及其他公共场合设立的烟雾弥漫的阴暗包厢里。最后，吸烟带来的乐趣根本抵不上社会成本。比起聆听最近戒烟成功的人正义说教或者忍受少数允许吸烟场所令人不快的环境，戒烟要容易得多。改变做法和增加社会压力是使状况发生改变的主要手段。

11.3 创造公正文化

创造一种公正文化，也可以叫作信任文化，是在社会上建立安全文化的关键第一步。在一种惩罚文化中，没有人会承认自己的差错和幸免。信任是报告文化和知情文化的基本前提。完全免于责备的文化也是不可行的，因为有一些不安全行为，尽管只占很小的比例，仍应受到责备和严厉制裁。假装处罚并不明智，因为少数人的鲁莽行为不仅会危害整个系统的安全，而且会对其他维修人员构成直接威胁。如果这些鲁莽行为不受到惩罚，管理层就会失去威信。但是，如果不区分少数鲁莽行为和90％以上的人都会犯的不应指责的差错，则管理层也会失去威信。公正文化关键在于对可接受行为和不可接受行为之间的区别形成集体共识，并清晰知晓。但是，应当怎样进行区分[4]？

本能的做法是分清差错和违规的界限。差错大多是无意的，而大多数违规行为都是故意的。刑法对"犯罪行为"（actus reus）和"犯罪心理"（mens rea）做了区分。除了在绝对责任情况下（如闯红灯），行为本身并不足以定罪以外，要达到有罪判决，通常必须要证明行为和做出行为的意图都超出合理的怀疑。因此，乍一看，似乎很简单就能做出决定，只需确定不安全行为是否涉及不遵守安全操作程序。如果涉及，就被认定为有罪。遗憾的是，问题并非那么简单，正如以下三个情景的详细说明所示。

在这三个情景中，飞机维修人员被要求检查飞机机身是否存在可能危害适航性的断裂的铆钉。公司程序要求维修人员使用适当的工作台和一排检查灯进行检查。

- 情景 A：维修人员从仓库中取来工作台和检查灯，并进行批准检查。但他没有发现断裂的铆钉。

- 情景 B：维修人员决定不使用工作台和批准的检查灯。相反，他拿着一个手电筒在飞机下面走了一圈，做了一个粗略的检查。他也没有发现断裂的铆钉。

- 情景 C：维修人员到仓库去取工作台和检查灯，但他发现工作台不在仓库，并且检查灯无法使用。考虑到飞机很快就要投入使用了，他用手电筒从飞机下面进行检查。他也没有发现断裂的铆钉。

注意，这三个情景中都出现了相同的差错，即没有发现断裂的铆钉。但这三个情景背后的行为显然有很大的差别。在情景 A 中，工程师遵循了程序。在情景 B 中，工程师因为怕麻烦而没有遵循程序。在情景 C 中，工程师本来打算遵循程序，但由于缺少设备使他没能做到。在情景 B 和 C 中，都出现了违规行为，但背后的动机显然不同。在情景 B 中，工程师故意走捷径，增加了漏掉断裂的铆钉的可能性。在情景 C 中，工程师在资源不足的情况下，尽力做到最好。

这三种情景的寓意显而易见。无论是差错还是违规行为，都不足以被认为是不可接受的。要确立责任，必须审查差错或违规行为的顺序。关键的问题是，这个人是否在没有正当理由的情况下故意做出了可能导致差错的行动？

我们已经证明了，差错和违规之间的简单区别可能会造成误导。不遵守规定可能会诱发不可接受的行为，但并不一定会实现。如情景 C 中所描述的，很多违规都是系统造成的，这是因为工具和设备不充足，并不是因为工作人员想要寻求更简单的工作方式。也可能有这种情况，手册和程序难以理解、无法实行、不能使用或者有明显错误。如果有这些明显的缺陷，那么制裁不遵守规定的工作人员并不能增强系统的安全性。从好的方面说，这种做法充其量只能表明管理层目光短浅，并且会使工作人员产生"习得无助感"；从坏的方面说，这样做只能表明管理层的恶意。在这两个情景中，都不可能形成信任和尊重的氛围。

法律会有帮助吗？过错在很大程度上属于民法问题，会从调查已造成不良后果的某些行为入手。接下来的问题是：这是一个"理性和审慎的人"能够预见和避免的结果吗？不顾后果是一个刑法问题，涉及故意和不合理的风险。它的显著特征就是意图。在过错情况下，行为不需要是有意的，但在对不顾后果的行为进行定罪之前，需要证明事先做过考虑。

一个没有法律知识的人怎样做出是否有罪的明智决定？有两个经验法则测试可用于主要由不安全行为引起的各个严重事件。

1）预见测试

工作人员是否有意参与了一般维修人员认为很可能增加诱发安全重要差错的行为？在下列任何情况下，如果问题的答案为"是"，那么就表明有罪责。

- 在已知会降低工作效率的药物或物质的影响下进行维修活动。
- 驾驶拖车或叉车，以及操纵其他具有潜在危险的设备时嬉戏。
- 连续工作了两个轮班导致过于疲劳。
- 采取不正当的捷径，比如工作还没完成就签字。
- 使用已知不合格或不合适的工具、设备或零件。

然而，在任何这些情况下，都可能存在情有可原的情况。为了解决这些问题，需要进行替换测试。

2）替换测试

替换测试涉及一项心理测试，我们将实际与事故有关的人换成从事同类工作并掌握同等培训和经验的人[5]。接下来的问题是：根据当时的情况，另一个人会做出不同的表现吗？如果答案为"可能不会"，那么推卸责任没有任何作用，而且可能会掩盖潜在的系统缺陷。可以向犯错误人员的同事提出更深入的问题：在事件发生的情况下，你能确定不会做出同样或类似类型的不安全行为吗？如果答案仍然为"否"，那么责备很可能是不恰当的。

3）掌控好平衡

这里提倡的政策包含两个方面：一方面，对不计后果的行为实行"零容忍";另一方面,与建立一种广泛信任有关,即绝大多数无意的不安全行为不会受到惩罚。解雇或起诉真正不计后果的人,特别是以前发生过类似违规行为的人,这样做不仅能使工作环境更安全,也传达了关于不可接受的行为后果的明确信号。这会鼓励绝大多数员工认为组织文化是公正的,因为它可以区分不良行为和诚实差错之间的区别。有两种实现自然公正的方式。惩罚少数人可以保护大多数无辜的人。它还会鼓励无辜的人报告差错和幸免。正如后文的论述,高可靠性组织最典型的特征之一是它们不仅欢迎这种报告,而且还会赞扬甚至奖励这种报告。

11.4 创建报告文化

即使有了公正文化,在创建报告文化之前仍然需要克服一些心理和组织障碍。第一以及最明显的是,人们不愿意承认自己的错误,不想被别人嘲笑。第二是人们担心报告会被记录在案,将来会对自己不利。第三是怀疑主义。如果我们不辞辛苦地写了一份揭示系统缺陷的事件报告,怎么能肯定管理层会采取行动来改善这些问题呢?第四,写报告实际上要花时间和精力,我们为什么要费这个心呢?

下面是成功报告程序的一些特征[6]。每个特征都为了克服上述一个或其他障碍。

- 去标识化。如何做到这一点取决于组织的文化。有些人喜欢完全匿名,但是它有一个缺点,就是很难找到更多的信息来填补报告中的空白。此外,有些组织为了保密,只有很少的人知道报告人员。
- 保护。有成功方案的组织通常都有一个高级管理人员发表声明,保证任何报告人员都可以获得关于违反规定程序的至少部分免罚[7]。这通常要求在事件发生后的特定时间内进行报告。不可能完全免除处罚,因为正如我们上面详细讨论的内容，有些行为确实是应受处罚的。然而，这些成功方案的经验表明，这种有条件的保证足以引发大量真实差错报告。

- 职能部门分离。成功的方案会将报告收集和分析机构或部门与有权实施惩罚程序的部门分开。

- 反馈。成功的方案认为，如果员工觉得他们的报告"石沉大海"，那么很快就没有人再报告了。向报告团队提供快速、实用、可用和明确的反馈至关重要。这通常通过就所提出的问题以及已采取的应对措施发表摘要报告的方式实现。一些大型组织，如美国宇航局，还会对数据库进行维护，供研究人员和分析人员合理使用。

- 报告简单易行。一些组织会在方案开头设置一些表格，提问少量的必选题，要求受访者选出与事件有关的差错类型或环境条件。然而，经验很快表明，受访者更喜欢更加开放和约束较少的形式。后一种版本的报告形式鼓励报告内容自由，受访者能够在报告中讲述更加完整的故事，表达自己的看法和判断。叙述是捕捉许多不同因素之间复杂相互作用的极佳方式。这类报告可能需要更长的时间来完成，但报告人员更喜欢这种方法，特别是因为他们有机会就如何防止此类事件再次发生表达自己的看法。

创建成功的报告系统没有最好的方法。上面列出的内容仅表明克服了提交有用事件报告障碍的一些方法特征。每个组织都必须做好试验准备，找到最好的方法。

这也许是矛盾的，一个成功的方案通常被视为能够使事件报告量稳步增长。虽然在方案的早期阶段，这可能是一种有效的解释。但从逻辑上讲，事件报告量的增加不能简单地看作更加信任的标志，它还可能意味着系统内发生了更多的安全关键事件。然而，据我们所知，即使有，也只有极少数报告方案达到了这种辨识程度。在任何情况下，仅仅是报告数量决不能算作系统安全的可靠指标。单独的报告数量很可能低估了真实差错和幸免。安全信息系统最大的价值在于它能够识别反复发生的事件模式、差错陷阱和防御系统的漏洞或弱点。

11.5　创建学习文化

学习文化最重要的前提是报告文化。如果没有一个能够收集、分析和传播相关安全信息的有效事件和幸免的报告系统,特别是关于安全或质量"缺陷"位置的事件和幸免,则组织不仅意识不到风险,而且无法记录。但即使具备所有这些要素,组织仍然需要采取最合适的学习模式。社会科学文献已经确定了两种不同类型的组织学习模式,即单环学习和双环学习[8],如图 11.2 所示。

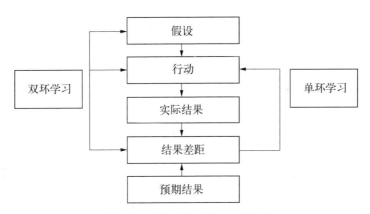

图 11.2　单环学习和双环学习

资料来源:摘自《从高风险行业经验中组织学习:通过问题调查进行工作时间以外的反思实践》,Carroll J S, Rudolph J W, Hatakenaka S。

图 11.2 中间的方框表示组织行为包含的顺序阶段。最开始的顺序是组织关于事情如何进行和事情如何完成的基本假设。这一心理模型确定了目标和行为。一旦行为开始,就有必要检查实际结果是否符合预期。当产生偏差(结果差距)时,就需要对这些行为或基本假设进行一些修改。在单环学习中,只检

查行为，这是遵循"人员模式"人为差错理论的组织最可能采用的过程。他们在行为执行人员身上寻找不正常的表现，一旦找到，就把这种表现视为导致偏差结果的原因。一旦采用"以人为中心"的应对措施（指名道姓、责备、羞辱、重新培训和另外编写程序），学习过程就会停止。这就是单环学习。这种学习方式就好像人员差错模式，应用非常广泛。学习的结果很可能局限于工程上的事后处理和纪律处分。

双环学习会继续发展到一个非常重要的阶段。它不仅会检查以前的行为，还会挑战促使它们出现的组织假设。双环学习带来的是全局改革，而不是局部恢复，并且还会引导采用"系统模式"的人为差错，这种模式关注的不是谁犯了错，而是组织政策、做法、结构、工具、控制和防护措施如何以及为什么没有达到预期结果。

美国麻省理工学院斯隆管理学院的约翰·卡罗尔（John Carroll）做了大量研究，了解众多高危组织如何从经验中学习，特别是从问题或事件调查团队的工作中学习。他和同事们一起提出了组织学习的四阶段模型，总结如下[9]：

- 局部阶段。主要是单环学习，基于特定工作组的技能和经验。在对比标准表现后，可能会调整行为，但基本假设不会受到挑战。学习会受到任意广泛系统问题否认倾向以及有限专业知识的限制。

- 控制阶段。许多现代行业寻求通过制裁、激励、标准操作程序和正式程序等官僚式控制措施改进操作并避免不良事件，做出了巨大的努力来限制变化和避免意外。此阶段特别强调单环局部调整。很多组织相信要严格遵守规则，并且有一个相对简单的因果观。这种操作风格在稳定的环境中通常能够成功，但它不适用于不确定、动态和动荡的环境。

- 开放阶段。促使我们进入这种早期双环学习阶段的原因，往往是需要具备对问题本质及其解决方案的各种不同观点。起初，人们可能会认为这些不同的观点具有破坏性，并且努力使这些异常值趋于一致。但最终人们认识到，世界不是一个简单的场所，各种不同的观点都有一定的道理。

管理人员常常认为这个阶段让人感到非常不舒服,但认识到它的重要性有助于挑战宝贵的假设,并且开发出新的、更具适应性的工作方式。

- 深入学习阶段。这个阶段标志着对短期困难(即不同观点引起的不适)越来越包容,并且把更多的资源分配到学习过程中。人们意识到,问题的出现不是某个人的错,而是任何复杂系统都不可避免的特征。管理人员不要把自己看作工作人员的"控制者"。他们应把自己的工作看作为适当地表现提供必要的资源。因此,要经常检查假设条件。长期以来,人们对于危险操作对系统的破坏方式都很重视,因此对危险保持着明智的谨慎而不是无助的麻痹。不良事件是可以预料和提防的。总之,深入学习的组织既有决心也有资源争取持续改进。

11.6 安全文化的类型:良好、不良和普通

美国社会科学家罗恩·威斯塔姆(Ron Westrum)确定了三种类型的安全文化:生成型、病态型以及官僚型(或精明型)[10]。它们与上述讨论的各种学习特征对应。主要区别特征在于组织处理相关安全信息的方式。

- 生成型组织的特点是深入学习。他们"鼓励个人和团体观察、询问、公开结论;而且如果观察结果涉及系统的有关重要方面,则鼓励大家积极引起上级管理人员的注意"。我们将在下一章更详细地讨论这些属性。

- 病态型组织对举报者进行封口、诽谤、边缘化,逃避集体责任,惩罚或掩盖疏忽,阻碍新思路,而且会领先监管机构一步采取行动。

- 官僚型组织,绝大多数都介于以上两者之间。它们不一定会封杀举报者,但新的观点经常出现问题。它们往往停留在学习的控制阶段,严重依赖程序来减少表现变化。安全管理趋向孤立化而不是广泛化,并且通过局部调整而不是系统改革进行处理。

莱顿大学的帕特里克·赫德森(Patrick Hudson)[11]将这三种类型扩展到五个阶段,需要逐步通过每个阶段,才能到达下一阶段。所有阶段都需要通过不断增加的信任、增长的知识以及参与双环学习的意愿实现。

- 病态阶段("只要不被发现,就不在乎")。
- 被动阶段("安全很重要;每次发生事故,我们都做了很多努力")。
- 精明阶段("我们有各种系统,可以管理所有的危险")。
- 主动阶段("我们会努力解决新的问题")。
- 生成阶段("我们知道实现安全很困难;我们一直在集思广益,寻找系统可能出现故障的新方式,并准备应对突发事件")。

最困难的一步是从主动阶段向生成阶段的过渡。很多主动型组织往往有了成绩就自满、不思进取,但真正的生成型组织知道总会有新的系统故障情景。组织人员也清楚,如果很长一段时间不发生异常情况并不是好消息,只是没有消息。

11.7　小结

本章起始部分列举了安全文化的一些主要特征。安全文化有很多联系紧密的组成部分:公正文化、报告文化和学习文化。

随后我们提出一个问题:安全文化的这些组成部分在多大程度上可以进行社会改造? 我们认为,试图改变组织行为比直接正面攻击态度、观念和价值观可能更有效。特别是在专业型组织中,有效的行为最终会带来一致的态度和观念。行为和行动以及产生的结果会引导人去思考和相信,反之则不行。

信任是安全文化的第一要素。但是,在惩罚或所谓的"免于责备"文化中,都没有信任和尊重。尽管绝大多数不安全行为都涉及诚实或不怪罪的差错,但是我们无法逃避事实,即有一小部分人会做出不顾后果的不安全行为,如果不加约束,他们就会继续去做。为了创造一种公正文化,有必要集体达成一致,确定可接受差错和不可接受差错之间的界线。我们指出,单靠区分无意差错和故意违规不足以达到这种目的,因为一些违规行为是出于必需而不是不良的意图。为了帮助区分应受责备和不应受责备的行为,我们提出了两种常识性测试:预见测试和替换测试。

之后,我们又确定了阻碍有效报告文化的心理障碍和组织障碍,并介绍了成功报告方案为克服这些问题所采取的措施。这些特性并不是标准规范,而是根据具体组织的需要量身定制的指南。

在讨论创建学习文化基础所涉及的步骤时,我们对单环学习和双环学习这两种组织学习类型进行了区分。我们描述了实现双环学习所涉及的各个阶段。在双环学习中,当实际表现和预期表现之间存在偏差时,不仅需要检查先前的行为,而且要检查指导表现的假设条件。

最后一节概述了三种安全文化类型(生成型、病态型和官僚型)的特征,并叙述了实现生成型文化所涉及的各个阶段。在最后一章中,我们将更加详细地研究这种文化的最典型特征。最后一章还论述了差错管理中最困难的工作,即差错管理的管理,从而使它持续下去并取得成功。

注释

1　See J. Reason, 'Achieving a safe culture: theory and practice', *Work and Stress*, 12, 1998, pp. 293 – 306; N. Thompson, S. Stradling, M. Murphy and P. O'Neill, 'Stress and organisational culture', *British Journal of Social Work*, 26, 1996, pp. 647 – 665; R.L. Helmreich and A.C. Merritt, *Culture at Work in Aviation and Medicine* (Aldershot: Ashgate, 1998).

2　J. Reason, *Managing the Risks of Organizational Accidents* (Aldershot: Ashgate, 1997).

3 G. Hofstede, *Cultures and Organizations: Intercultural Cooperation and its Importance for Survival* (London: Harper Collins, 1994), p. 199.

4 Reason, 1997, op. cit. David Marx, an engineer and lawyer specializing in creating just cultures, was the inspiration for much of the discussion in this section.

5 N. Johnston, 'Do blame and punishment have a role in organizational risk management?', Flight Deck, Spring 1995, pp. 33 – 36.

6 M. O'Leary and S.L. Chappell, 'Confidential incident reporting systems create vital awareness of safety problems', *ICAO Journal*, 51, 1996, pp. 11 – 13; S. L. Chappell, 'Aviation Safety Reporting System: program review', in *Report of the Seventh ICAO Flight Safety and Human Factors Regional Seminar*, Addis Ababa, Ethiopia, 18 – 21 October 1994, pp. 312 – 353; M. O'Leary and N. Pidgeon, 'Too bad we have to have confidential reporting programmes', *Flight Deck*, Summer 1995, pp. 11 – 16.

7 J.A. Passmore, 'Air safety report form', *Flight Deck*, Spring 1995, pp. 3 – 4.

8 C. Agyris and D. Schon, *Organizational Learning II: Theory, Method and Practice* (Reading, MA: Addison-Wesley, 1996).

9 J.S. Carroll, J.W. Rudolph and S. Hatakenaka, 'Organizational learning from experience in high-hazard industries: Problem investigations as off-line reflective practice', *Research in Organizational Behavior*, in press, 2001.

10 R. Westrum, 'Cultures with requisite imagination', in J.A. Wise, V.D. Hopkin and P. Stager (eds), *Verification and Validation of Complex Systems: Human Factors Issues* (Berlin: Springer-Verlag, 1992), pp. 401 – 416.

11 P. Hudson, *Aviation Safety Culture* (Leiden: Centre for Safety Science, Leiden University, 2002).

第 12 章　实现过程：差错管理的管理

本章的编写目的是通过集中讨论差错管理的管理，将本书的各个部分整合到一起。除非进行有效的差错管理，否则我们将会受到差错的控制[1]。特别是在维修组织中，活动（如开头所述）有很多差错特征，更是如此。差错的代价是巨大的。在第 1 章中，我们列举了维修差错作为主要原因的几起重大事故。然而，尽管存在发生这些灾难的可能性，许多维护组织仍由于差错管理不当，每年都会损失大量资金。即使灾难似乎遥不可及，但能够减轻最终后果的严重影响，也肯定是正确进行差错管理的一大动力。

12.1　另一个管理体系

有效差错管理的一个障碍是，在过去的 10 年间，都要求维修设施的管理人员实施若干管理体系。差错管理是否只是另一个管理体系？是否在给现已沉重的工作量增加另外一个负担？为了使大家确信事实并非如此，我们首先需要梳理质量管理体系、安全管理体系和差错管理体系之间的差异和重叠。

1）质量管理体系

全面质量管理（TQM）起源于统计过程控制（SPC），统计过程控制是 20 世纪 20 年代诞生于纽约贝尔实验室的一项技术[2]。统计过程控制要求在生产过程中而不是生产结束时进行质量管理。20 世纪 50 年代，质量领域的权威人物爱德华兹·戴明(Edwards Deming)把统计过程控制技术带到了日本。这些成果现在已经广为人知，并在 20 世纪 70 年代被重新引进美国，当时其他的质量专家如朱兰(Juran)、费根鲍姆(Feigenbaum)和石川(Ishikawa)也对美国的质量管理产生了深远的影响。后来，全面质量管理普及整个工业界，尤其是在航空维修单位中被广泛采用。全面质量管理的主要特征是"质量是每一个人的责任"。质量并不只是由专业检查人员在生产线末端进行控制，而是要在整个工作过程中都得到保证。因此，我们说质量保证而不是质量控制。总之，质量必须"嵌入"产品的每一个阶段。

质量保证(QA)是全面质量管理的审查手段，主要特点概述如下。

- 质量保证是向客户和其他人保证系统可以提供要求质量的产品和服务。
- 质量保证可以通过记录和审查产品生产和服务开展的方式，确保其符合预期，达到质量要求。
- 任何差异都会得到反馈，以便组织能够采取纠正措施，从而持续改进工作表现。

在维修领域，以可靠性为中心的维修(RCM)原则与全面质量管理有相似之处。RCM 是确定维修要求的原则性方法，已经被广泛应用到许多工业部门[3]。

下面，我们简要回顾一下质量保证。同时，我们还需要概述安全管理体系的主要特征。

2) 安全管理体系

至少在英国，安全管理体系起源于 1974 年的《劳动健康与安全法》。正是罗本斯委员会制定的这部法案开启了现在广泛推行的自我监管。在此之前，安全立法非常零散，几乎都是依据规章，对雇主施加沉重的义务，而工人的参与行为主要通过纪律措施来确保。不同于以往的立法，《劳动健康与安全法》没有详细说明具体的危险(如机器、起重机、梯子、升降机等)；但是，它为雇主、雇员、供应商和用户的职责提供了广泛的准则。总之,保障安全就像保障质量一样,是每个人应尽的责任。

1988 年,卡伦发表了一篇关于派珀·阿尔法平台灾难的报告,这对由基于规则的管理转变为基于目标的管理起到了巨大的推动作用[4]。该报告于 1990 年正式发布,为海上石油和天然气设施建立了一种新的管理模式,并在后来广泛应用于危险设备的管理中。这种新的管理模式要求操作人员对主要的危险进行正式的安全评估,并证明已实施适当的控制措施、防御措施和保障措施。这些措施的成果叫作安全状况报告,安全管理体系(SMS)是安全状况报告的主要组成部分。引用卡伦报告中的内容:

安全管理体系(SMS)应当设定安全目标、达到这些目标需要使用的系统、实现这些目标需要达到的表现标准以及监督是否遵守标准的手段。它应该借鉴 ISO 9000 中的类似质量保证原则[5]。

在石油和天然气公司中,壳牌勘探开发公司率先开发了第一代安全管理体系。这些开创性的努力已经在后续的大多数系统中留下了印记。安全管理过程包含四个基本步骤[6]:

- 危险识别。在我们的作业中会遇到哪些危险? 会出现什么问题?
- 风险评估。这些危险有多严重? 造成伤害或损失的可能性有多大?
- 防御措施和保障措施。需要采取什么防御措施来警告、防范和遏制这些危险的有害后果?
- 补救。如果出了问题,我们必须采取什么补救措施?

按照 ISO 9000 的建议,必须记录每一个步骤,这是安全管理体系的组成部分,此外,还应包含以下内容[7]:

- 安全管理政策。安全管理政策确定了高级管理层用于表达实现组织安全目标承诺的自上而下的过程,并且规定了组织的安全政策。
- 安全管理原则。安全管理原则来自安全管理政策,应当详细说明组织用以证明符合政策声明的安全目标。

- 安全管理过程。组织应当编写程序，描述用以实现安全目标的方法，其中应当包含关于控制措施、责任、安全重要活动以及能力等方面的陈述。
- 安全保证文件。安全保证文件应当包含当前操作以及所有的设备、设施和相关活动。目标是为了确保这些实体能够安全地进行持续作业。安全保证文件还应当包括涉及现有体系任何修改或添加建议的文件。在引入任何新体系或对现有体系进行任何更改之前，都要进行安全评估。

评估完成后，安全状况报告（包括正式安全评估报告、安全保证计划以及政策、原则和过程文件）就成了监管机构判定特定组织是否遵守安全规定的标准依据。向基于目标管理转变带来了许多好处，特别是被管理的组织必须要自己思考（通常是第一次）困扰它们运作的危险。建立一个令人满意的安全管理体系还需要组织具体了解相关的商业运作（有时也是第一次）。但是，也存在一些问题，我们将在后文讨论。

12.2　安全管理体系和质量管理体系的共同特点

由于质量管理活动对引入安全管理体系产生了显著的影响，因此，这两个体系有很多共同的观点和特点。

- 质量和安全都不能一蹴而就，两者都需要计划和管理。
- 两者都高度依赖衡量、监督和记录文件。
- 两者都涉及整个组织，即每一个职能部门、每一项流程以及每一个人员。
- 两者都努力追求小的持续改进，而不是巨大进步。

但它们也有共同的问题。因为都非常依赖于记录文件，两者有时（尽管不是总是）都是文件密集型体系，这就存在形式重于内容的风险，大量厚重的活页夹（这里且不谈制作文件需要的额外工时）可能会被作为组织证明质量和安全的证据。但质量和安全更多地在于高层管理人员的观点、组织文化、思维模式和一线员工的工作实践，而不在于这些文件的形式，无论文件体量有多庞大。监管机构、管理人员和检查人员都非常忙碌，所以总是希望能够使用检查单方法来评价任意类型的系统。如果文件中有相关内容而且正确，则人们自然会倾向于假设他们认为重要的内容是实际存在的。

如果这看起来过于苛刻，可以思考一下质量保证维修事故的例子：1990年，有一架 BAC 1 - 11 飞机的风挡玻璃被吹掉[8]；1993 年，一架 A320 飞机起飞后，其扰流板仍处于维修模式[9]；1995 年，一架波音 737 - 400 飞机因发动机转子驱动罩丢失而导致漏油[10]。在这三起事故中，维修组织已经完成了以质量控制向质量保证的转变；在每起事故中，高级工程师都对实际并不满意的工作签了字；而且所有事故都发生在夜班期间，当时没有质量保证部门的人员评估工作方法的适当性。另一起质量保证事故是 1994 年的昆士兰莫拉矿难，在这起事故中有 11 人于甲烷气体爆炸中丧生[11]。而在当年的早些时候，莫拉煤矿却通过了 AS 3902 的质量认证。

从这些事故中，我们要吸取两个重要的教训。第一，必须要有适当的检查系统，也就是说，能够正确识别和控制危险，特别是人为风险的系统。第二，当文件与事实不符时，依赖书面记录并非好事。明智的检查人员总是可以想象系统可能出现问题的各种方式。对于检查人员而言，关键问题是"这种检查方法是否能够发现所有这些可能的系统故障？"

质量和安全管理体系还有最后一个难题：人为和组织问题（而不是技术或设计失败）都不是从现在公认的事实开始的，但它们现在都是维修组织面临的主要风险。在 20 世纪 50 年代到 70 年代，质量管理专家认为，差错是由于粗心大意或类似的人性反常造成的。安全管理体系本质上是管理工具，而管理人员往往有技术或操作背景。他们都不是特别熟悉过去 20 年行为科学和社会科学的发展。这就是为什么差错管理非常重要，也是本书中论述的措施需要作为维修管理整体组成部分的原因。

12.3　为什么差错管理是必要的?

由于差错会严重威胁质量和安全,因此差错控制应当在质量和安全管理体系中发挥重要作用。事实上,如果这两个管理体系都不重视差错控制,将会形成严重的缺陷。但是根据经验,差错管理在这两个管理体系中都没有得到应有的重视。在现有的大多数质量和安全管理体系中,都比较重视技术和管理程序文件。这些文件介绍了创建者的主要工程、运营和管理背景,因此受重视并不奇怪。本书的主要目的是提供纠正这种不平衡所需的背景知识、模型和工具。为了更清楚地表明这个目的,列出了区分差错管理与上述质量和安全管理体系的特征。

- 有效的差错管理更多地来自适当的思维模式而非大量的文件资料。在这个意义上,它本身并不是一个"体系",而是可以通过一厚摞活页夹来证明的东西,尽管当它的组成要素是正式质量或安全管理体系的一部分时,可以也应该把它记录下来。

- 有效的差错管理以墨菲定律为出发点,即有可能出错的事情一定会出错。差错和质量疏忽都在意料之中,就像人生中的呼吸和死亡一样。虽然不能消除它们,但是可以采取针对个人、团队、任务、工作场所和系统的各种措施,在很大程度上控制它们。没有标准的最佳方法,各组织都应当采用最适合自身工作方式的措施。

- 有效的差错管理需要了解各种人为差错和影响条件。不同的差错需要的应对措施不同。但是,在可能的情况下,与其试图改变人的状况,不如改善环境。与易出错的人相比,诱发差错的任务条件和工作场所条件更有可能导致事件和灾难。技术和社会方面的工程解决方案通常会比心理方面的解决方法更有效,效果也更持久。

- 有效的差错管理需要一种知情文化,组织内的人员需要对人员绩效的各项干扰因素有集体意识,而且知道有益活动和危险活动的边界。反过来,这就需要创建一种公正的、愿意报告不安全行为的并且能够从中学习的组织文化。

- 仅仅实施某种减少差错或遏制差错的工具,然后假设它不需要持续关注就能自动发挥作用,永远都不可能实现有效的差错管理。许多技术管理人员都有这种想法,这些技术管理人员习惯于安装好设备,然后启动设备,并且合理地期望,只要持续供电,设备就会按照预期工作。他们也习惯于在执行完每项工作后在工作清单上打钩。但是差错管理工具并不是这样,工具不能从清单上勾掉。它们需要定期观察、关注、微调、修改和调整。这就是为什么我们前面提到,正确的思维模式是有效差错管理的本质的原因。

质量和安全管理体系与差错管理体系之间还有一个重要的区别。前两个体系在应用时主要是自上而下的,由高级管理层或监管机构强制执行,而差错管理体系很大程度上是自下而上的。质量和安全体系的文件资料说明了组织应当如何运作。与此形成鲜明对比的是,差错管理工具(如事件报告程序和主动处理措施)则揭示的是事物的实际情况。一个是规范性方法,而另一个却是描述性方法。正因为如此,它们是互补的。差错管理体系不能取代质量或安全管理体系,它是这两个体系的一个补充。

12.4　加强防范意识

美国科学家卡尔·韦克(Karl Weick)提出了一个观察结论,即可靠性是"一种动态非事件"[12]。说它是动态的,是因为体系中人的要素会不断对它做出调整、适应和补偿,过程仍处于控制之中。称其为非事件,是因为正常结果很少或根本不需要关注。这个悖论源于这样一个事实,即事件需要关注,而非事件(根据定义)则不需要关注。

传统观点认为，组织的可靠性取决于日常活动和工作的一致性、重复性和不变性。韦克和他的同事对这一传统观点提出了挑战。他们认为，一成不变的做法不能应对意外事件。为了解释高可靠性组织（HRO）能够成功应对意外事件的原因，他们区分了两个方面的组织功能，即认知和活动。一方面，认知要素涉及对可能发生的不良突发事件保持警惕，并且要在突发事件造成不良后果之前，具备发现、了解和纠正意外事件的集体防范意识。传统的高效组织追求稳定的活动形式，但在认知上却不稳定，这些差异在不良事件发生前后非常明显。另一方面，在高可靠性组织中，虽然在工作中鼓励灵活性，但在与操作风险相关的组织思维模式中要保持一致性。这种认知稳定性主要取决于知情文化，也就是韦克和同事们所说的集体意识[13]。

集体意识能够让组织以最佳的方式应对意外事件。"最佳"并不表示"在任何场合"都能实现，但证据表明，这种长期的防范意识是组织适应性的重要组成要素。由于不良事件很少发生，因此明智谨慎的组织会努力从他们仅有的少量数据中提取出最大的价值。他们通过表扬甚至奖励的方式创建一种报告文化，鼓励员工报告自己的差错和幸免。他们还认为，看似孤立的差错很可能是多个"上游"因果关系链共同作用的结果。他们不是把这些差错分开看待，而是进行归纳；不是进行局部维修，而是努力改善整个系统。他们也不会用过去指导将来。意识到系统故障可能会以各种前所未有的形式呈现，他们一直在寻找墨菲（墨菲定律发明人）及其合作伙伴莎德（Sod）用以击败或避开系统防御措施的"神秘途径"或新颖方法。

12.5 适应性研究

这里所说的适应性是指组织抵抗运营危险的能力。通常，系统适应性是通过计算组织在某一特定时间内抵御的不良时间次数进行评定的。但是这种负面的结果评价并不适用于这个目的。第一，它们可能反映的是偶尔出现的弱点，而不是某种潜在的组织健康状态。第二，事故是否会发生，有很大的偶然性。但是偶然性具有两方面的作用。它会"折磨"做得好的组织，也会"保护"做得不好的组织。在给定的时间内没有发生不良事件并不意味着组织是健康的，而发生个别事故也不能说明组织缺少基本的稳健性。总之，我们还需要另一种衡量措施。

工程师们使用一种非常直接的方法来衡量适应性，即破坏试验。它是车间外面的一个类似试验，用来测试系统发生故障之前平均经历的错误次数。英国航空事故调查机构曾发布关于 1970—1990 年 90 起灾难性事故的调查报告，其中阐述了 16 种可能的影响因素，包括飞行员差错、天气原因、发动机故障、机体问题、燃料不足等，这些都被调查人员视为诱发事故的可能因素[14]，并且对大型喷气式飞机、轻型飞机（通用航空）和直升机三种机型做了比较。结果清楚地表明，直升机发生故障平均需要经历 1.95 个问题，轻型飞机发生故障平均需要经历 3.38 个问题，大型喷气式飞机发生故障平均需要经历 4.46 个问题。显而易见，大型喷气式飞机比直升机和轻型飞机的适应性更好。

上述方法虽然非常直观，但却很难应用于没有经历过重大突发灾难性事故的系统。还有另外一种方法可以明确适应性组织的最典型特征。我们可以从前面讨论过的高可靠性组织的特征中获得关于最典型特征的大量信息。

下面列出了两个检查单，试图明确组织稳健性的一些特征。第一个检查单（人的行为意识检查单，简称 HPAC）用于得出组织成员对两个问题的看法，一是自身系统易受人为因素问题影响的程度，二是处理这些问题的方法[15]。第二个检查单（机构适应性评估检查单，简称 CAIR）采取更广泛的方法，更侧重于如何在受访者的组织中应用安全和差错管理工具。这两个检查单都假设组织的适应性是 3C（承诺、认知和能力）共同作用的结果。

1) 3C

● 承诺（commitment）。面对日益增长的商业压力，高层管理人员是否愿意让差错管理和安全管理工作变得有效？

- 认知（cognizance）。管理人员了解"安全战争"的本质吗？特别是在人为因素和组织因素方面？

- 能力（competence）。你的安全和差错管理工具是否容易理解？是否能达到目的？是否能适当利用？

2）人的行为意识检查单

询问受访者所在组织是否符合以下 30 条陈述。为避免偏差，其中约有一半的项目用正号表示（即认为组织具有适应性），约有一半的项目用负号表示（即认为组织并不具有适应性）。得分方向用括号中的符号（＋或－）表示。如果答案认为组织具有适应性得 1 分，答案为"不知道"的得 0 分。

为了方便，下面的陈述按照适当的 3C（承诺、认知和能力）进行排列，但是在普通用户看来它们是混乱排列的。列出如下所示的清单的目的是为了表明组织的适应性属性，而不是为了得分。

（1）承诺项。

- 如果发生差错，则管理层会责备相关人员。（－）

- 管理层比较重视人的行为问题。（＋）

- 管理层只关心最终后果。（－）

- 当出现人的行为问题时，管理人员会尽最大努力去解决引起问题的条件。（＋）

- 管理人员认为程序总是对的并且适用。（－）

- 管理人员真正关心与人的行为相关的事情。（＋）

- 管理人员没有意识到反复引起人的行为问题的不适当的工作环境。（－）

- 管理人员经常与一线的工作工人一起讨论工作环境和人的行为问题。（＋）

- 管理层认为纪律处分威胁是减少事故的最佳方法。（－）

- 管理层愿意采纳提高安全性和可靠性的好建议，即使是最底层员工提出的建议。（＋）

（2）认知项。

- 我们的人为因素人员受过良好的培训并且掌握了人为因素领域的最新发展动态。（＋）

- 管理人员认为只有一线的维修人员才会犯危险的错误。（－）

- 管理人员更感兴趣的是权宜之计，而不是系统改革。（－）

- 我们的一线主管都接受过非常高水平的培训。（＋）

- 我们预计会发生差错，并且对工作人员发现和弥补差错进行培训。（＋）

- 管理人员认为改变人的行为比改变工作条件成本更低、更容易。（－）

- 管理层没有意识到，预防措施和控制措施既可以提供保护也会产生问题。（－）

- 我们的管理人员和主管都很了解可能导致差错和违规的工作场所因素。（＋）

- 对涉及不安全行为的每个事件都进行了仔细检查，并对有关人员给予公正对待。（＋）

- 管理层没有意识到现有的程序无法覆盖所有可能发生的情况。（－）

（3）能力项。

- 如果提出了一种更安全和/或更可靠的工作方式，则会因此受到表扬，相关信息也会被广泛传播。（＋）

- 在开始一项新的工作或更换新的工作环境之前，我们很少讨论人的行为问题。（－）

- 我们经常在车间看到管理人员。（＋）

- 所有人员都接受过关于一些人为因素问题的基本培训。（＋）

- 员工不愿意报告差错和幸免，因为他们担心自己受到惩罚。（－）

- 当有人不知道怎么开展一项工作时，总有其他人愿意并且能够提供建议。（＋）

- 不鼓励员工提出与人的行为有关的问题。（－）

- 当发生重大事故时,管理层更注重的是找出预防措施失败的方式和原因,而不是责备相关人员。(+)
- 我们没有一个有效的事件和差错报告程序。(-)
- 重复发生同样的事件。(-)

以上并非详尽的项目清单,清单中还可能也应当包含其他多项内容——尽量定制自己的清单。但是,这些项目足以说明组织对人为因素问题的准备程度,以及是否已经采取了适当的应对措施。低于 15 分则表明组织很容易受到差错的破坏,并遭受损失(组织适应性最高得分为 30 分)。

3) 机构适应性评估检查单(CAIR)

CAIR 评估组织的态度和做法在多大程度上能够符合适应性系统特征的"愿望清单"(见表 12.1)。通过询问 3C(承诺、认知和能力)在四个管理应用水平(原则、政策、程序和实践)上的体现程度进行评估。

表 12.1　机构适应性评估检查单(CAIR)

请填写下面的检查单:
是＝这就是我所在组织的情况(得 1 分)
?＝不知道,可能符合或者部分情况符合(得 0.5 分)
否＝我所在组织没有这种情况(得 0 分)

情　　　　况	是	?	否
管理人员十分关注可能危及他们运作的人和组织因素			
管理人员认为偶尔的挫折和令人不快的意外是不可避免的,他们预见到员工会出现差错,并且培训员工发现并补救差错			
高层管理人员真正致力于促进系统安全,并为此提供足够的资源			
定期(而不仅仅是在一些严重事故发生后)在高层会议上回顾过去发生的与安全相关的问题和人的行为问题			
在最高层会议上,彻底检查过去发生的事故,并吸取经验教训,从而进行全面改革而非局部纠正			
在某些严重事故发生后,高层管理人员的主要目标是找到系统漏洞并做出改进,而不是将责任推卸到某些人身上			

（续表）

情　　　况	是	？	否
最高层管理人员对安全采取积极主动的态度，即采取以下部分或全部措施：采取措施识别并消除反复出现的差错陷阱；努力消除工作场所和组织中容易诱发差错的因素；对新的错误情景进行集思广益；定期对可能导致事故的组织流程进行"健康检查"			
最高层管理人员意识到，导致差错的系统因素（如人手不足、设备不足、缺乏经验、培训不完善、糟糕的人机界面等）比短暂的心理状态（如分心、注意力不集中和健忘）更容易管理和纠正			
有效的安全管理，就像其他任何管理流程一样，主要取决于相关信息的收集、分析和传播			
管理层认为需要将被动的结果数据（即幸免和事故报告系统）与主动处理信息合并。对于主动处理信息，不仅要进行不定期审查，还需要对各种机构参数（如日程安排、预算、登记表、程序、防御措施、培训等）进行定期抽样，确定最需要注意哪些重要迹象，并采取补救措施			
各部门、各层级的代表共同参加相关的安全会议			
将与安全相关的或人为因素职能部门的工作视为一项可以快速跟踪的任务安排，而非最后一个工作环节，并对这些岗位上的人员授予适当的职位和工资待遇			
幸免和事故报告系统的有关政策阐明了组织对有条件赔偿的立场，反对处罚，进行保密，并在组织结构上将数据收集部门与参与纪律处分程序的部门独立分开			
纪律处分程序以约定（或商定）的可接受与不可接受行为之间的区别为依据。全体员工一致认为，一小部分的不安全行为的确是因为粗心大意造成的，应当受到惩罚，但绝大多数行为不应受到惩罚			
直接管理人员鼓励员工掌握安全高效工作所必需的心理和技术能力，心理能力包括预测可能出现的差错以及预演适当的补救措施			
组织具有快速、有效和易懂的反馈渠道，能够沟通交流从被动和主动安全信息系统中吸取的教训。在这个过程中，重点是把这些教训推广到整个系统，而不是仅仅着眼于差错和不足			
组织愿意并且有能力主动了解差错，能够为出现差错而道歉，并且安抚受害者（或其家属）。组织从这类事故中吸取了教训，可以避免今后再次发生此类事故			

（续表）

情　　　况	是	?	否
组织知道,商业目标和安全问题可能会产生冲突,并且制订了多项措施,能够以有效和透明的方式明确和解决这些冲突			
组织制订了相关政策,鼓励全体员工提出与安全相关的问题			
组织认识到,有效的安全管理高度依赖员工的信任,尤其是在差错和事故报告程序方面			

受访者需要回答的问题是"您所在的组织是否具有以下情况?"每项得分为1分、0.5分或0分。若得分为16~20分,则说明受访者所在的组织非常好;若得分为8~15分,则说明受访者所在的组织对人和组织风险的适应性处于中等或偏上水平;若得分低于5分,则说明受访者所在的组织对风险的适应性较差。

最后,给出一个组织健康方面的忠告:CAIR评价得分高并不能保证不会发生维修事故。即使是最健康的组织,仍有可能发生不良事件。维持高可靠性需要保持良好的警惕性,而且要持续关注多种可能出现差错的方式。自满是人类最大的敌人。人类易犯错的特性和潜在的系统缺陷永远不会消失,所以并没有最后的胜利;但是,差错及其后果是可以管理的。

12.6　小结

本章论述了差错管理中最困难的问题,即差错管理的实现过程和持续实施。我们首先仔细分析了质量和安全管理体系与差错管理体系之间的异同。虽然差错管理在质量和安全管理休系中都发挥着非常重要的作用,但它在许多方面有其独特之处。首先,它起源于人为因素和组织因素研究的最新发展。它以了解引起不安全行为的各种人为差错、工作环境和系统因素为基础。差错管理不像质量和安全管理体系那样是一个正式的管理体系,而是由基本的人为因素培训和各个级别专用的各种工具组成，即维修人员、维修团队、维修任务、整个维修组织。差错管理是一种自下而上而不是自上而下的管理方法。它依据的是事物的实际情况而不是应有情况。因此，我们说差错管理是质量和安全管理中不可缺少的组成部分。

　　然而，有效的差错管理最显著的特点也许是它在很大程度上依赖于具备合适的思维方式，不依赖于大量的资金投入、员工工作时间或者其他昂贵的资源。高可靠性组织在危险条件下运行时，事故次数少于平均次数，主要特征是集体意识[16]。他们一直保持留意人员、技术、组织的差错。他们预见会出现差错，并且能够培训员工了解、预测并纠正差错。他们努力创建一种报告文化，从过去的失败中总结（而不是孤立看待）经验教训，从而最大限度地利用有限的事件数据。他们对可能发生的事件情景进行"头脑风暴"，并制订事件的应对计划。

　　本章的最后一部分探讨了组织的适应性特性，即系统承受运行过程中的"灾难"的能力。追求零事故是不切实际的目标；唯一可行的目标是在确保组织正常运行的同时尽最大努力提高并维持系统的可靠性。本章还论述了持续适应性的文化动力 3C，即承诺、认知和能力。这一概念被纳入了一个检查表中，旨在评估组织对人为因素问题和安全危害的稳健性。在本章纳入这个检查表的目的主要是为了表明这些特征在各个管理活动层次（原则、政策、程序和实践）上体现出来的特征范围。任何一个检查单都不是这些特征的完整详尽列表。我们鼓励读者思考影响组织健康的其他因素。

　　最后，我们提出一些建议：在过去，差错管理项目之所以停滞不前，是因为被任命执行和监督这些项目的支持者都被派到了别处。我们要尽量在高层中实行差错管理项目，它最好被视为"CEO 最关心的项目"。至少，应该委派一名相信差错管理并愿意为之奋斗的支持者来执行。此人应该直接向董事会汇报。根据我们的经验，实行差错管理的最佳时机应是高级管理人员刚刚被不安全行为和组织因素诱发的不良事件严重惊吓的时候。这种冲击对系统的有益影响虽然不会持续很长时间，但却足以促使差错管理程序实施并持续运行。在这之后，就需要依靠组织文化进行维持。

不要同时尝试所有的方法，应当从一些可能会产生广泛影响的简单方法入手。开展关于人为因素和组织因素的短期培训，同时采取一些有针对性的疏漏管理措施（详见第9章）。例如，波音公司通过一个专门预防重新装配时遗漏锁紧导线的项目成功启动了差错管理程序。有效的差错管理是逐步开展，并非突然成功的，它不是一朝一夕甚至一年就能做成的事情。想一想"持续改善"（kaizen），这是一个经过深思熟虑、耐心、不断改进的过程。迈克尔·克赖顿（Michael Crichton）在他的小说《升起的太阳》中非常巧妙地阐述了这个日语词汇的意思：

美国人总是寻求巨大突破，即大的进步。美国人试图打出本垒打，把球打出球场，然后就坐着不打了，但日本人整天都在打一垒，他们从不懈怠。

注释

1   We are very grateful to Julian Dinsell for this aphorism.

2   T. Bendell, J. Kelly, T. Merry and F. Sims, *Quality: Measuring and Monitoring* (London: Century Business, 1993).

3   J. Moubray, *Reliability-centered Maintenance* (New York: Industrial Press, 1997).

4   The Hon. Lord Cullen, *Public Inquiry into the Piper Alpha Disaster* (London: HMSO, 1990).

5   Ibid., vol. 2, p. 388.

6   SIPM, *The Safety Management System SIPM Guidance. Vol I*, Report EP 92-0100 (The Hague: Shell Internationale Petroleum Maatschppij BV, 1992).

7   Adapted from Civil Aviation Authority, *Safety Management Systems: SRG Policy and Guidelines* (Gatwick: Civil Aviation Authority, Safety Regulation Group, 1998).

8　See Air Accident Investigation Branch, *Report on the Accident to BAC One-Eleven*, *G-BJRT*, *over Didcot Oxfordshire on 10 June 1990*, Department of Transport (London: HMSO, 1992).

9　See Air Accident Investigation Branch, *Report on Incident to Airbus 320 -212*, *G-KMAM at London Gatwick Airport on 26 August 1993*, Department of Transport (London: HMSO, 1995).

10　See Air Accident Investigation Branch, *Report on the Incident to Boeing 737 -400*, *G-OBMM*, *Near Daventry on 23 February 1995*, Department of Transport (London: HMSO, 1996).

11　A. Hopkins, *Managing Major Hazards: The Lessons of the Moura Mine Disaster* (St Leonards, NSW: Allen and Unwin, 1999). This book also contains an interesting discussion of 'quality-assured' accidents.

12　K.E. Weick, 'Organizational culture as a source of high reliability', *California Management Review*, 29, 1991, pp. 112 - 127.

13　K.E. Weick, K.M. Sutcliffe and D. Obtsfeld, 'Organizing for high reliability: Processes of collective mindfulness', *Research in Organizational Behaviour*, 21, 1999, pp. 81 - 123.

14　See J. Reason, *Managing the Risks of Organizational Accidents* (Aldershot: Ashgate, 1997).

15　We are exceedingly grateful for the collaboration of John Wreathall in the preparation of this checklist.

16　See also T.R. La Porte and P.M. Consolini, 'Working in practice but not in theory: Theoretical challenges of "high-reliability" organizations', *Journal of Public Administration Research and Theory*, 1, 1991, pp. 19 - 47.

索引